皮革概论

Introduction to leather

强涛涛　编著

西安交通大学出版社

图书在版编目(CIP)数据

皮革概论 / 强涛涛编著. -- 西安：西安交通大学出版社,2024.10. ISBN 978-7-5693-3856-0

Ⅰ. TS56

中国国家版本馆 CIP 数据核字第 2024ZD7682 号

皮革概论
PIGE GAILUN

编　　著	强涛涛
责任编辑	郭鹏飞
责任校对	李　佳
封面设计	任加盟

出版发行	西安交通大学出版社
	（西安市兴庆南路1号　邮政编码 710048）
网　　址	http://www.xjtupress.com
电　　话	(029)82668357　82667874(市场营销中心)
	(029)82668315(总编办)
传　　真	(029)82668280
印　　刷	西安五星印刷有限公司
开　　本	787 mm×1092 mm　1/16　印张　9.125　字数　206千字
版次印次	2024年10月第1版　2024年10月第1次印刷
书　　号	ISBN 978-7-5693-3856-0
定　　价	39.00元

如发现印装质量问题，请与本社市场营销中心联系。

订购热线：(029)82665248　(029)82667874

投稿热线：(029)82668818　QQ:21645470

读者信箱：21648470@qq.com

版权所有　侵权必究

前　言

皮革是人类应用较早的一种天然高分子材料。它的发展历史几乎伴随了整个人类的历史。从人类诞生初期，皮革便伴随着人类的步伐辗转亚非欧大陆，与人类的生活息息相关，但目前市场上缺乏对皮革前世今生全方位展示的教材。

《皮革概论》是一本综合类的教材、参考书，其科普了皮革的基本知识，读者可以通过该书的学习，为日后从事与皮革相关的考古、加工、贸易、设计、管理、研究等方面的工作奠定基础。本书共5章，内容涵盖皮革的起源及鞣法演变；国内外皮革行业的发展概况，特色皮革产业区域；几种特种皮革加工技术；制革行业在发展过程中产生的污染情况和处理手段。在充分回顾皮革发展历史的同时，本书也对皮革行业的未来进行了展望，包括先进制造业在皮革行业的应用，特种皮革、高价值皮革的发展，让历史悠久的皮革产业在当下依旧焕发生机与活力。最后介绍了真皮标志、生皮组织学的相关知识，对真皮与合成革的鉴别方法进行了专业论述。为了方便读者理解，本书在相关章节配有图片，包括结构图和产品图等。强涛涛编写了本书第一章、第三章和第四章第一节，张辉编写了第二章，刘新华编写了第四章第二节，任龙芳编写了第五章。全书由强涛涛统稿，陕西科技大学的王学川教授审阅此书并提出了宝贵意见。

本书内容系统，便于自学，实用性强。本书的编写酝酿多年，"皮革前世今生"这门课程的几届学生反馈了许多宝贵的修改意见。陕西科技大学的王学川教授和罗晓民教授提供了大量专业资料，并提出了许多建设性的修改意见。在编写的过程中，博士研究生陈露，硕士研究生朱润桐、王宝帅、张显成、王甜参与了部分资料的收集、汇总、排版及绘图工作，在此一并表示由衷的感谢！

由于本人水平有限，书中的疏漏和不足之处，敬请读者批评指正。

强涛涛
2022年10月

目 录

第1章 古代制革发展历程	1
1.1 皮革的起源及发展历程	1
1.2 皮革的鞣法发展	5
1.3 从古到今皮革文化的发展	10

第2章 国内外制革产业发展历程 18
- 2.1 中国制革产业发展历程 18
  - 2.1.1 中国近代皮革产业发展(1841—1949年) 18
  - 2.1.2 中国现代皮革产业发展(1949年至今) 19
- 2.2 中国制革工业发展特点 22
  - 2.2.1 世界经济格局调整,中国制革迎来新机遇 22
  - 2.2.2 精耕细作,中国皮革产业大发展 23
  - 2.2.3 产业链条全、数量质量高、基地数量多的中国皮革产业 25
- 2.3 国外皮革产业发展历程 28
  - 2.3.1 欧洲近现代的皮革科技发展 28
  - 2.3.2 世界皮革产业发展变迁 30
- 2.4 国外皮革产业特色区域 31
  - 2.4.1 欧洲的皮革产业发展 31
  - 2.4.2 美洲的皮革产业发展 34
  - 2.4.3 非洲的皮革产业发展 36

第3章 皮革加工技术 38
- 3.1 常规皮革加工技术 38
  - 3.1.1 准备工段 38
  - 3.1.2 鞣制工段 42
  - 3.1.3 整饰工段 45
- 3.2 特种皮革的加工技术 47
  - 3.2.1 鱼皮 47
  - 3.2.2 鳄鱼皮 53
  - 3.2.3 鸵鸟皮 58

3.3 皮革制品及其加工技术 ·· 63
　　3.3.1 皮影 ·· 63
　　3.3.2 腰鼓 ·· 67
　　3.3.3 皮雕作品 ·· 68
　　3.3.4 皮贴画作品 ·· 69

第4章　制革行业的现状及未来发展趋势 ·· 71
3.1 制革行业现有问题及应对策略 ·· 71
　　4.1.1 制革行业现有问题 ·· 71
　　4.1.2 制革行业现有问题的应对策略 ·· 73
4.2 皮革工业未来发展趋势 ·· 76
　　4.2.1 先进制造与皮革工业 ·· 76
　　4.2.2 高价值皮革的发展 ·· 81
　　4.2.3 特种皮革的发展 ·· 93

第5章　皮革及制革行业的客观评价 ·· 105
5.1 天然皮革与合成革的鉴定 ·· 105
　　5.1.1 天然皮革简介 ·· 105
　　5.1.2 合成革简介及发展历程 ·· 116
　　5.1.3 合成革与天然皮革的鉴定方法 ·· 120
5.2 真皮标志 ·· 126
　　5.2.1 真皮标志介绍 ·· 126
　　5.2.2 真皮标志标牌 ·· 127
　　5.2.3 真皮标志的诞生与发展 ·· 127
　　5.2.4 真皮标志的规范化管理 ·· 129
　　5.2.5 如何利用真皮标志保护消费者的利益 ···································· 130
5.3 真皮标志生态皮革 ·· 130
　　5.3.1 真皮标志生态皮革介绍 ·· 130
　　5.3.2 实施"真皮标志生态皮革"的内涵与意义 ······························ 131
5.4 制革绿色工厂与绿色产品评价 ·· 133
　　5.4.1 绿色制造体系 ·· 133
　　5.4.2 制革绿色工厂及评价要求 ·· 133
　　5.4.3 制革行业绿色设计产品及评价 ·· 134

参考文献 ·· 136

古代制革发展历程

第 1 章

1.1 皮革的起源及发展历程

在漫长的人类历史中,皮革的使用贯穿了整个人类的发展进程。所谓皮革,就是以生皮为原料,对其施以复杂的处理和交联改性所得到的产物。在制革过程中,最为重要的一步工序就是"鞣制"。一般来说,未经鞣制的生皮叫"皮",而鞣制后的皮叫"革"。在我国,皮革工业是由制革、皮鞋、皮件、毛皮四个主体行业和皮革化工、皮革机械、皮革五金、鞋用材料等配套行业组成的。它也是我国轻工业重要的组成部分。从古至今,随着人类文明的不断进化、生产能力的提升及审美的进步,皮革的用途与制作也得到了不断拓展,并推陈出新。

早在远古时代,人类的祖先就用兽皮蔽体御寒(见图 1-1)。无疑,兽皮是人类最早加工利用的天然高分子材料。古人类学家路易斯·李奇发现,人类加工兽皮的历史可追溯到 60 万年前的非洲。从周口店北京猿人文化遗址中挖出的旧石器可以看出,在距今约 60 万年的石器时代,人类狩猎除了从动物身体获取食物外,还利用锋利的石器剥取兽皮。在周口店山顶洞人遗址中还发现了一根刮削磨制而成的骨针,在当时那个社会是没有纺纱织布的,所以骨针只能是用来缝制兽皮,这足以说明山顶洞人在 3 万年前已经使用兽皮制品了。因此,皮革是人类最早的文化产物,而皮革工业是人类最古老的行业之一。

图 1-1 远古时代人类使用兽皮

甲骨文是中国乃至东亚至今已知的最早的成熟文字体系,因刻在龟壳以及兽骨上而得名。它于 1899 年由晚清官员王懿荣在河南省安阳市出土的甲骨上发现。河南省安阳市西

2　皮革概论

北殷都区小屯村,是中国商朝晚期都城遗址"殷墟"的所在地,这些甲骨上的字符主要是商朝王室在占卜凶吉以及记录叙事的时候镌刻的,其记录了殷商时期(距今 3600 多年)的历史。图 1-2 描绘了刻在甲骨文上的皮革相关文字。通过细致对比"衣"和"裘"这两个字形,我们可以推断出"裘"是一种表面带有毛发的服装,其字形类似于一个人穿着毛皮的样子,清晰地展现了毛皮服饰的特征。

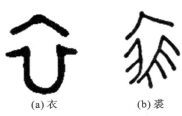

图 1-2　古代有关皮革的甲骨文

最早的"革"字写法,像一张去掉毛的兽皮(见图 1-3)。《诗·召南·羔羊》中记载"羔羊之革,素丝五緎",清代文字训诂学家段玉裁对其意思进行解释,即"有毛者曰皮,无毛者曰革",说明"革"字的意思就是除去毛的兽皮。清末安阳出土的殷周时代的戍革鼎上刻有皮革的"革"字,其状像人身上披着皮甲,在《公羊传·闵公二年》中记载"桓公使高子将南阳之甲",而《孟子·尽心下》中也有记载"革车三百两",说明了古时战争制品都是用革制作的。从考古发掘的实物来看,最早的例子是安阳侯家庄墓道中发现的殷商时代的皮甲残迹,随后在长沙浏城桥发现了春秋晚期一些凌乱的皮甲。这些皮甲说明了过去的皮甲已经可以由多个甲片编制而成。湖北江陵藤店一号墓发现的战国时的皮甲,是由两层皮革合成的合甲,这片合甲上还残留着缀联用的穿孔与串联用的小皮条。由以上材料可以看出:我国从殷商到春秋战国时代,制革工业至少已有 3000~4000 年的历史了。

图 1-3　"革"字的变化

世界上皮革的使用史可以追溯到新旧石器时代。古埃及人在公元前两千多年前已使用皮革制品。金字塔和古埃及出土的文物表明:在公元前 2500 年,古埃及人就已经开始生产植物鞣革,并已加工成各式各样的皮革制品。公元前 1450 年左右,在埃及的浮雕物上,发现了皮革加工的场景。

公元前 2500 年左右,出现了硝面鞣法,即采用明矾、食盐、蛋黄和面粉等材料,浸渍或涂抹在裸皮肉面上,用此法,生皮在干后能保持柔软而不腐烂。其中起主要作用的是铝盐,这就是原始的铝鞣法。此方法在很长一段时间内被广泛使用。羊皮纸是一种非常古老的书写载体,考古遗存发现,公元前 12 世纪,古埃及第 20 王朝时期,羊皮卷已经作为书写载体,替代了莎草纸。

在古希腊和罗马时期,制革技术也很发达。当时的人们使用马尾松树皮、柳树皮、杨树皮等植物皮的提取物进行植物鞣革,用明矾制造粒面细致的皮革产品,将各种植物染料用于皮革染色。这说明当时人们已经掌握了皮革的染色技术,皮革、毛皮生产技术已经达到一定水平。希腊诗人荷马(Homer)的诗中提到,在公元前1000年古希腊已有大量革制品,古罗马用各种植物染料进行皮革染色。马尾松树皮、柳树皮、杨树皮、漆树叶及五倍子等被大量用于植物鞣革。

考古发现中也有文献记载,古希腊的"战车泥版"上经常出现"胸甲"的表意符。伊文思认为这种胸甲和埃及人的甲胄很相似,是用一片片青铜板水平附在皮革上制成的。目前的考古发掘实物中发现的最古老的皮革制品是公元前1450年左右的埃及的浮雕物(见图1-4),现存最古老的皮带鞋也是从古埃及古墓中发现的,它们的发现说明了皮革的历史几乎与人类文明史等长。

图1-4 皮革浮雕

在西方,早期的古希伯来人掌握了皮革鞣制的关键技术,在当时鞣制一张皮革需要六个月才能完成,因此古罗马人亦视皮革为身份地位的象征。在著名的古都庞贝城的废墟遗迹中,考古学者发现在古希腊、罗马时代的皮革工厂遗留了大量的武器、衣料、鞋等日常用品,而且装饰技巧已经非常发达。到了中世纪,羊皮纸的出现更是频繁地带动了皮革的应用,人们也开始把皮革作为封面镶装在书籍的表面来做浮雕图案(见图1-5)。与此同时,波斯的皮革技术也有长足发展,其雕刻与压花的制作技巧由阿拉伯人传入欧洲各国。公元1492年,哥伦布发现美洲,欧洲文化传入美洲,皮革工艺也经由西班牙人传入美洲土地,为印第安民族的皮革制作打下了基础。

公元18世纪中叶之前,世界的制革技术仍处于原始阶段。图1-6所示为早期皮革加工作坊。此时,法国人考伯特对制革科学技术的发展做出了重要贡献。他系统探索新的植物鞣料,建议在制革时使用更高的温度,并引入硫酸作为膨胀剂。他是第一个使用剖层机的研究者,亦是第一个提出用泥炭与硝酸反应制成合成鞣剂的人。18世纪中叶至20世纪中叶,制革技术进入快速发展阶段。特别是在18世纪70至80年代,西方的制革技术经历了从经验向科学发展的转变。1770年,约翰逊获得了英国第一个铁鞣法的专利,标志着铁鞣技术的起步。1796年,A.塞甘首次提出了"单宁"和"鞣质"的概念,这些天然植物中的多元酚化合物能够与皮革胶原结合,使生皮变为成革。1893年,丹尼斯发明了一浴铬鞣法,1884

图 1-5 羊皮纸制作的书皮封面

年德国的 A. 舒尔茨在一次偶然的发现中看到了铬鞣法投产的可能性,他获得了二浴鞣法的美国专利,经过一个多世纪的研究与实践,铬鞣法的理论得到了进一步的发展,特别是在 1891 年,瑞典的 A. 韦尔纳首次提出并在 1893 年完善了配位理论。之后,邓尼斯用硫酸铬代替氯化铬,从而进一步提高了鞣革的质量。铬鞣法先是在欧洲和美洲得到发展,经过普劳克特等人的努力,又回传至欧洲并继续发展。这些重要的技术革新标志着制革行业的现代化进程。

图 1-6 18 世纪中叶以前国内外的皮革加工作坊

20 世纪初期,制革技术到了整饰工艺的发展阶段。由于制造业的发展,各类皮革机械开始诞生(见图 1-7),如去肉机、剖层机、抛光机、削匀机、辊涂机、板式熨平压花机、真空干燥机、震荡拉软机、电子量革机、电脑控制喷浆机和自动绷平干燥机等,大大提高了制革效率,促进了皮革行业的发展。如今,生物技术、高分子修饰技术、超声波、微乳液、纳米技术等科技前沿技术在制革生产中得到更广泛的应用;污水处理技术已经基本发展成熟;固体废弃物的综合利用势在必行;更精密的皮革机械将在提高皮革质量上起更大作用;多功能、高效能的皮革化工材料是皮革品质的坚实保障。现代制革技术正向节水、节能、高效及不断增加花色品种,生态型绿色工业方向发展。

图 1-7　现代皮革机器

1.2　皮革的鞣法发展

制革这种古老的手工艺技术,在漫长的岁月中进步非常缓慢,长期处于以经验为基础的发展状态,直至18世纪工业革命后,科技的引入才使制革技术有了质的飞跃。皮革本身就具有很高的实用价值,而如今的皮革已在实用价值的基础上,通过不同技法的运用,焕发出了崭新的生命力。在未来的道路上,制革技术将会不断创新、不断充实、不断完备。

从原料皮到成品革需要经历多步复杂的化学和物理操作。去肉、浸水、浸灰、脱灰、浸酸、软化、鞣制、挤水、剖层、削匀、修边、复鞣、中和、染色、加脂等,根据品质要求的不同,有些甚至高达50多道工序。图1-8所示为皮革加工过程中由"生皮"到"革"的两种形态。目前这些工序主要分为四大工段,即鞣前准备工段、鞣制工段、鞣后湿加工工段、干燥及整饰工段。鞣前准备工段就是将原材料加工为适合于鞣制状态的裸皮的生产过程。鞣制工段就是将具有原料皮性质的裸皮加工成湿革的生产过程。鞣后湿加工工段就是改善湿革使用性能的生产过程。干燥及整饰工段就是使成革在外观和使用性能上达到用户要求的生产过程。其中,鞣前准备工段、鞣制工段、鞣后湿加工工段被统称为湿加工工段,干燥及整饰工段被称为干加工工段。这四大工段相互联系、不可分割。

皮革加工的步骤很多,其中最重要的一步工序是鞣制。"上古穴居而野处,衣毛而冒皮",这是出自《后汉书·舆服》里的一句话。这句话描述了在原始社会初期古人类的生活方式。大意是远古时代先民住在洞穴中,生活在野外,穿戴之物都是野兽的毛皮。但是,当时人们所能利用的物质资料极其有限,在猎获野兽,食肉饮血之后,残余的动物毛皮很自然地被人类用来御寒保暖、遮羞护体。而使这些动物毛皮变成革的重要过程,就是鞣制。

鞣制是鞣剂分子向皮内渗透并与生皮胶原分子活性基结合而发生性质改变的过程(见图1-9)。鞣制所用的化学材料称为鞣剂。鞣制的鞣法有很多,不同的鞣剂会有不同的鞣法,如用铬鞣剂鞣制的方法就称为铬鞣法,用铝鞣剂鞣制的方法就称为铝鞣法,用植物鞣剂鞣制的方法就称为植鞣法,等等。虽然鞣剂的种类很多,但总体可分为三大类,即无机鞣剂、有机鞣剂、无机与有机结合或配位化合的鞣剂。现在,鞣剂种类繁多,设备先进,制革技术高

6　皮革概论

图 1-8　"生皮"到"革"

度发达,古人类没有如今先进的制革手段,却依旧在使用皮革,当时有哪些鞣制技术呢?

植物鞣法是制革鞣法中历史最悠久的,如图 1-10 所示为植鞣的演变过程。最原始的植物鞣法是将皮在植物鞣料的水溶液里浸泡,所需要的时间很长,有的甚至要长达一年之久。植鞣法的起源是在 300 万年前的旧石器时代,那时的人们为了抵抗冬季的严寒,会在秋天提前收集动物的毛皮,将它们晾干后用于避寒遮体。由于直接晒干的动物毛皮穿在身上不仅板硬,物理机械强度差,而且容易腐烂。当时的人们物质资源有限,没有办法。直到有一天,人们还像往常一样,白天将刚剥下的动物毛皮晾晒在户外,不巧半夜里却遇到了狂风大雨。伴随着狂风吹过,树叶、树枝、树干都从树上刮下来了,树叶、树枝、树干连同动物皮一起被雨水冲到地势低洼的水坑里。这次的狂风暴雨持续了半个月,直到天放晴,人们才将被水浸湿的毛皮捞起来晾干,继续穿在身上,他们发现这次的毛皮使用时间变长了,穿着也变舒适了。当然,一次两次的变化并不能说明什么,经过时代的变迁和无数次的实践与总结,聪明的人类慢慢总结出制革的方法:树叶、树枝、树干连同动物皮在水里浸泡的制革过程。而动物皮在水中不会腐败,是因为秋冬季节温度低的缘故。科学技术发展到近代,研究人员给这种制革过程赋予了科学解释,植物中的多酚类物质,制革上叫栲胶,通过雨水进入毛皮内部,与皮胶原反应作用,使成革更加柔软,这就是植鞣的来源。18 世纪工业革命兴起后,推动了制革技术的研究,植鞣法的应用和研究也取得了重大进展,鞣革的质量得到显著提高,鞣期也相应缩短。植物鞣革技术至今仍是重要的鞣法之一。

植鞣后的革收缩温度有明显的提高,耐水、耐酶性增强,且具有一定的物理机械性能。

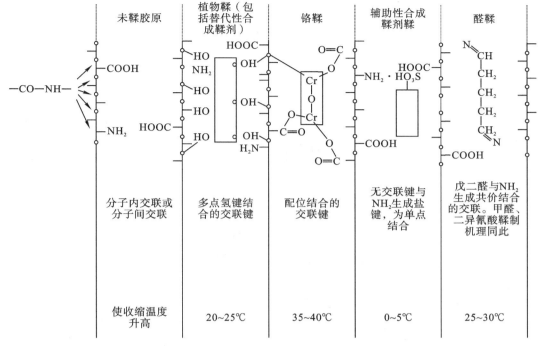

图 1-9 各种鞣剂与胶原分子的作用

这是因为植物鞣质与皮胶原的结合形式多种多样,既有物理吸附作用,又有化学结合。而其中的化学结合又以多点氢键结合为主,也有其他化学结合方式,如电价键和共价键的结合,还有范德华力,以及氢键-疏水键协同作用(如图1-11所示为植鞣作用机理)。在原始社会不仅有植物鞣法,还有烟熏法,也就是现在的醛鞣法。

古人类为了遮挡烈日风寒,躲避猛兽袭击,一部分人选择居住在山洞中。同时,古人又是一种群居动物。一个山洞中往往住了十几甚至几十人,为了节省活动与休息的空间,也为了避免兽皮被雨淋后腐败,就只能将自己所猎回来的毛皮固定在山洞的洞壁上,待到自然晾干后取下来使用。后来发现,固定在洞壁四周的毛皮容易被取下,而固定在洞顶上,由于高度关系,经常是干燥了很久之后才被取下。人们将干燥后的毛皮穿在身上,发现洞顶上的毛皮相比于洞壁四周的毛皮机械强度高,穿起来还更加柔软舒适。由于古代科学技术不发达,人类虽然没有办法解释这种现象,但是它却被当作一种毛皮的制作方法总结下来。

直到化学工业的出现,人们才发现这是因为生火做饭的油烟中包含了醛、酮、醇等化学物质,长时间的烟熏火烤让甲醛等物质与山洞内壁上的毛皮作用,与皮胶原形成交联反应,致使成革具有优异的耐水洗性和机械强度,醛鞣就来源于此(见图1-12)。醛鞣法的化学过程是醛基与蛋白质的氨基等活泼基团形成共价交联的过程。通过醛鞣后的革具有耐水洗、耐汗、耐溶剂、耐氧化的优点,且革干燥后变形性小,能保持原有的延伸性而不变硬。

另外,在原始的鞣制方法中,还有一种油鞣法。关于皮革油鞣方法有一个假说,古人生活条件落后(见图1-13),在人们吃肉的时候,时常会将动物脂肪滴在穿着的毛皮上。久而

8 皮革概论

图 1-10 植鞣的演变过程

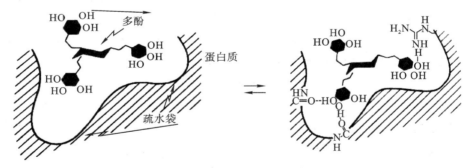

图 1-11 植物鞣制-蛋白质反应机理示意图

久之,人们就发现位于身体前半部分的毛皮比后半部分的毛皮更加柔软,穿着更加舒适,而背后的毛皮容易断裂,不耐穿。如图 1-14 所示为油鞣的演变过程。经过总结思考,人们发现同一块毛皮出现如此巨大的差异,是因为身前的皮毛会溅到动物油脂,又因为离火堆比较近,有一个升温加热的效果,这才造成了前后毛皮的差异。

油鞣法主要是油鞣剂中不饱和双键被氧化,而带上了过氧基,所以非常活跃,很容易被分解生成新的官能团,与胶原极性基团产生复杂的化学结合。油鞣后的革纤维细致,而且革的柔软性、延伸性、透气性非常好,能耐水或皂液洗涤,干燥后不变形。

从原始的植鞣法、烟熏法、油鞣法,到现在的有机磷鞣法、木质素磺酸盐鞣法、烷基磺酰

第 1 章　古代制革发展历程　　**9**

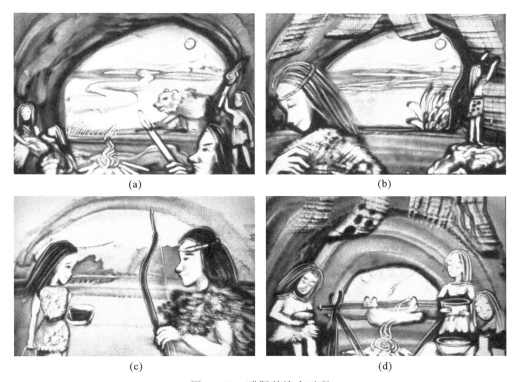

图 1-12　醛鞣的演变过程

图 1-13　原始人日常生活

氯鞣法、醛基多糖等新材料鞣法，鞣革技术在不断进步，不断发展。从古至今，皮革制品越来越受到人们的青睐，小到皮包、皮夹、皮带，大到沙发、壁纸、汽车坐垫、凉席等，甚至越来越多

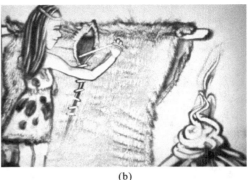

(a)   (b)

图 1-14　油鞣的演变过程

的艺术奢侈品都以皮革作为原料(见图1-15)。而皮革制品能达到今天的普及程度,正是因为不断进步的制革方法,是制革方法的演变成就了皮革制品。相信制革技术的明天会更好。

图 1-15　制革方法的演变成就了皮革制品

1.3　从古到今皮革文化的发展

中国拥有五千多年的历史,这些历史奠定了中华传统文化的深厚底蕴。历史的发展使得每个时代都有着各自不同的文化特征,每个区域、民族也有着各自不同的文化传承。而皮革作为人类最早的文化产物之一,同样拥有着深厚的文化底蕴。

从古至今,皮革不断发展,并受到越来越多国内外人士的喜爱和欣赏。皮甲、皮鞋、皮靴、皮鼓、二胡、官帽盒、皮制首饰盒、酒壶等,这些都是皮革的文化符号,也是皮革文化的呈现方式。

我国境内考古发现、出土了大量皮质文物,这为研究我国古代皮革制品提供了非常宝贵的实物资料。

人类利用天然皮革制作服饰的历史非常悠久。在人类服装发展史上著名的"御寒说"认为,在距今10~5万年前的第四纪冰河期,为了抵御风寒保护裸露的肌体,人们刮掉兽皮内侧的脂肪和肉,用牙齿将其咬软后围裹在身体上(见图1-16)。因此,最早期的衣物大概只是平面块状,边缘凹凸不平,依兽皮的自然形状围于腹下膝前。据专家考证,第四纪冰河期后的人类始祖确实是靠兽皮为衣熬过了漫漫严寒。在《礼记·礼运》中也记载有"未有丝麻,衣其羽皮"。这也说明是兽皮和树叶让人们告别了漫长的裸居时代,进入灿烂文明的着装时代。

图1-16　古人类穿着兽皮御寒

在夏商周时期,人们开始将动物毛皮进行简单的加工,制作成皮甲、皮靴。到了春秋战国时期,士兵作战使用的刀鞘、箭囊、盾牌、营帐、战鼓、马具等都加入了皮革(见图1-17和图1-18)。为了减少伤亡,防御器物应运而生,盾牌、甲胄便属于防御器物。战国时的皮甲多由两层皮革制作,是利用皮革的结实坚固和皮条之间可以随人体运动而滑动的特性来实现对人体的保护功能,这也许是皮革服饰功能化设计的开始。这时候的皮甲是当时皮革性能最优化的体现,也是我国服饰设计中实用审美的体现。春秋战国时期的染织业非常发达,这为皮革的染色技术提供了丰富的实践经验,开创了皮革多姿多彩的新纪元。而从出土的

图1-17　战国时期的"皮甲"

秦始皇铠甲士兵俑中可以看出（见图1-19），在秦汉时期，我国就已经拥有着娴熟的皮革染色技术。袁仲一先生在2014年9月对已发掘的、有颜色残迹的陶俑上衣、下衣、护腿、围领、袖口等部位的记载，共形成1446条衣着色彩信息，其中单件单色的1300件，单件双色的146件。而绝大多数俑都身披铠甲，其颜色基本一致：甲片多为褐色，甲组和连甲带多为红色。秦代不同等级的官兵所披铠甲的形制有别，将军俑的铠甲甲片较小，有花边装点，最显雍容华贵；同兵种、同等级别的士兵所披铠甲的形制基本一致。学者研究发现，秦代甲衣的主要用色为绿色、紫色、红色、蓝色，其中绿色最多，紫色、红色较多，蓝色次之，白色较少，黑色、黄色极少。这也证明当时染色技术在皮甲制作中的应用已经达到了鼎盛时期。直到西汉后，皮甲才逐渐被铁甲所取代。

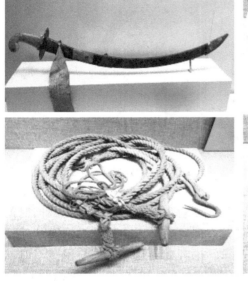

图1-18　春秋战国时期的皮制马具

图1-19　秦汉时期的铠甲士兵俑

到了辽代，裘皮服装开始出现。因为辽代的契丹人是生活在大草原上的民族，他们以畜牧和射猎为生，牛羊肉是他们饭桌上最常见的食物，所以大量的动物毛皮成为他们服饰的原材料(见图1-20)。苏颂诗云:"酪浆膻肉夸希品,貂锦羊裘擅物华"。在当时,服饰材料的种类象征着权力的高低。地位尊贵者身被貂裘,再有就是银鼠裘,色洁白者贵为上等,地位较低者着羊、鼠、沙狐裘皮。到了元代出现了裘皮长袍。而到了清代,裘皮的款式越来越多,不再限定为长袍(见图1-21)。清代后期,裘皮也开始在百姓中流行,不再是皇家贵族才能穿着的服饰。民国时期是中国服装近代史的开端,这个时期是我国服饰向现代化转型的重要时期,它彻底打破了古代服装体系,并开始接受外来文化的影响,形成中西并举的现象(见图1-22)。皮袍、皮夹克、皮鞋等正是那时流行起来的。人们思想的进步、文化的交流,带有西方元素的风格,正符合当时年轻人所追求的时尚潮流。

图1-20　辽代裘皮衣(左)及元代皮衣(右)

图1-21　清代裘皮服装

图1-22　民国时期的皮衣

14 皮革概论

中国的鞋饰起源于旧石器时代。当时的人类会将带毛的兽皮用小皮条裹在脚上,制成简单的"兽皮袜"或"裹脚皮",来保护脚并抵御严寒。骨针作为从缝纫"兽皮袜"到缝纫制鞋的重要工具,无疑推动了人类制鞋史的发展。在辽宁海城小孤山出土的骨针是迄今发现最早的缝纫工具,时间大约在3万年前(见图1-23)。在战国时,制鞋史上出现了一个伟大的里程碑,赵武灵王将"履"改为了"靴"(见图1-24),从根本上改变了中国的军事生活、政治生活乃至社会生活。由于当时各国采用骑兵战术,而传统的服饰是长袍大褂,袖子长、腰围肥、领口宽、下摆大,要打起仗来行动非常不方便。赵武灵王看到胡人的服饰短衣长裤,简直是"来如飞鸟,去如绝弦"般快捷,服装非常适合作战,所以就将长袍改为了小袖子短褂,腰间系一根皮带,脚上蹬一双短靴。这就是历史上著名的"胡服骑射"(如图1-25所示为人们所绘赵武灵王的"胡服骑射")。从那时起,皮靴成为各朝各代的军事用鞋,直到清朝才改为织布制成的靴子。到了隋唐,人们开始穿着"六合靴"(见图1-26右图所示)。据《旧唐书·舆服志》记载:"隋代帝王贵臣,多服黄文绫袍,乌纱帽,九环带,乌皮六合靴。"其中"六合"是指靴帮的结构。一般而言,靴帮与靴筒的造型须符合脚面和小腿的形状,要根据靴形特征由多片皮革缝合而成。"六合靴"作为朝廷的官靴,寓意为"天地四方"的宇宙。古代圣贤把宇宙的概念与时空联系在一起,足以体现华夏民族和圣人先贤的智慧,帝王把寓意宇宙的"六合"糅合于乌靴之中,足见官吏地位的显赫和官靴象征意义之重,更是将中国古代的鞋文化诠释得淋漓尽致。明清时期,文武官员及士庶均可着靴。而到了辛亥革命以后,中西方文化交流频繁,现代意义的皮靴(见图1-27)开始传入中国。

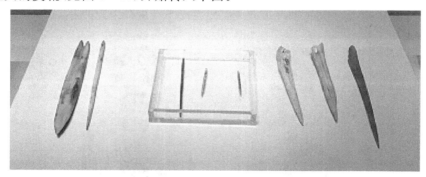

图1-23 骨针

图1-24 战国时期的"履"到"靴"

图 1-25 战国时赵武灵王"胡服骑射"图

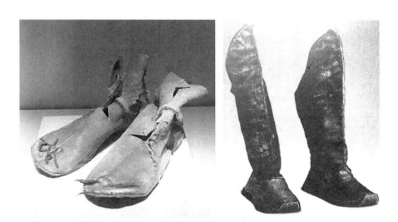

图 1-26 西汉时期的牛皮靴(左)及隋唐的六合靴(右)

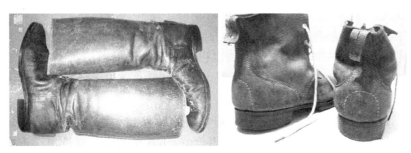

图 1-27 民国时期的皮靴

中国皮鞋的发展历史非常悠久,皮鞋最早的起源是在黄帝时期。战国时期的孙膑,被称为"制鞋始祖"。相传孙膑与庞涓在一起学习兵法,但后来遭到了庞涓的陷害,被其挖去膝盖,这就导致了孙膑的残疾。再经历了一系列的痛苦遭遇,孙膑决定报仇雪恨。由于孙膑无法行走且双腿无法支撑身体,便根据当时皮鞋的样式,将原始皮革作为基础设计出鞋面和鞋底两个部分制作成高帮皮鞋,这便是世界上皮鞋最早的雏形。但是,皮鞋的普及还是源于近代。

在19世纪初叶以前,世界上的皮鞋全部采用手工制作,直到美国人小查尔斯发明缝合鞋帮和鞋底的机器后,才给皮鞋缝条工艺带来了革命。上海在1880年出现了自制皮鞋,当时在上海浦东地区,有个非常出名的鞋匠叫沈炳根,他的制鞋工艺非常高,我国最早出现的雨鞋,即皮丁鞋就是出自他手。后来国外的皮鞋渐渐涌入上海,他开始兼作皮鞋与修鞋的业务。沈师傅是一个非常严谨认真的鞋匠,他在制作鞋子的过程中分别对鞋子的结构与样式进行极其严谨的研究和反复的设计。就这样我国第一双现代皮鞋问世,这在我国的鞋史上是跨时代的发展,至此中国鞋业开始慢慢发展起来。1876年,中国的第一家现代皮鞋店由沈炳根开设,自此皮鞋制造技术迅速传播开来,皮鞋行业也渐渐在上海形成,可以说沈炳根是我国现代皮鞋的"祖师爷"。1994年,"真皮标志"向全国推出,这说明我国皮鞋行业已经发展到了相当水平。从图1-28可以看出我国皮鞋行业的发展之迅速。

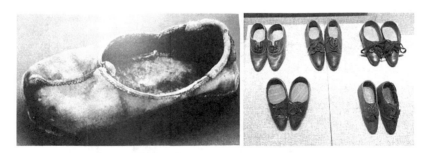

图1-28 元代牛皮鞋(左)及近代皮鞋(右)

古代,我国的内蒙古地区,人们大多以畜牧和狩猎为生,他们对动物身上皮毛的利用充分,以至于衍生了可以满足衣、食、住、行的皮革制品。从驯马时代开始,蒙古族就是跨上马背在草原上自由驰骋的民族。所以,皮革制品在马的身上得到了广泛应用,如马笼头、马嚼子、马鞭、鞍鞯、箭筒及驯马服等都是用皮革制作的。此外,蒙古族用于狩猎和战争的弓箭、弓囊、箭筒都是皮革制品,用于生活和娱乐的酒壶、皮鼓、皮雕也都是皮革制品(见图1-29和图1-30)。而且这些皮革制品在制作的过程中均进行了适当的艺术装饰,这样既服务于牧民的生产、生活,同时具备了审美价值。蒙古族的这些皮革制品不仅是少数民族生活中必不可少的物品,更是创造了丰富的皮艺文化。

远古时代,皮革只是被用来抵御严寒,如今皮革已与文化创意有机融合,被广泛用于皮雕壁画等艺术品中,说明皮革不再只具有实用价值,还具有艺术观赏价值。皮革文化虽然经历了漫长的发展过程,但如今也拥有着多种多样的呈现方式,如皮夹、皮靴、皮鞋等。随着当今社会的进步发展,皮革已成为传播文化非常好的载体。在新时代发展背景下,我们要将传统工艺与现代技术相结合,要让皮革优秀文化延续与发展。

图1-29　皮制箭囊(左)及皮鼓(右)

图1-30　内蒙古地区的皮制酒壶(左)、皮质门帘(中)及皮鞭(右)

第 2 章　国内外制革产业发展历程

2.1 中国制革产业发展历程

2.1.1 中国近代皮革产业发展(1841—1949 年)

1898 年,天津北洋硝皮厂成为我国第一家近代制革厂,其使用了现代鞣革技术和设备,主要技术来源于欧洲,在当时属于很先进的制革加工技术。

19 世纪 30 年代,我国皮革工业遍及全国各地,形成了若干集中产区,主要集中在上海、北京、河北、辽宁、山东、湖北、山西等地。19 世纪 50 年代,上海制革和皮革制品产业逐步形成。19 世纪 70 年代,外国商人在上海陆续兴办使用机器加工的皮革工厂。1878 年,英国全美洋行开设上海熟皮公司。至此一批国外开办的企业成为国内制革的主要力量,到 20 世纪初,外商皮革厂的产量占上海总产量的 50% 以上。

清末,河北蠡县、留史一代毛皮加工企业越来越多,生产规模也越来越大,形成了数十家规模较大的毛皮生产厂家。在同期,辽宁的皮革产业也逐步开始兴旺发达,到 1910 年,盛京(今沈阳)有皮革作坊 200 多家,基本具备了从皮革鞣制、染色、制靴、毡毯、套包到皮胶等各种皮革相关产品加工的生产作坊,形成了比较完备的皮革上下游相关联产品的生产能力。在山东,从事毛皮加工行业的人员也有一定的规模,据统计,仅济宁就有毛皮作坊 100 多家,从业人员 2000 多人。

清末,在四川,以成都为中心形成了若干皮革帮会,各类皮革产品商家有 100 多家。1903 年以后,四川成立了现代意义上的制革厂,经逐步扩建、技术提升,制革工人达到 1000 多人,成为四川第一个机械化制革企业。

19 世纪中叶,在湖北的汉口、沙市、宜昌等地,逐步形成了 300 多家皮货行和商号,汉口也成为全国最大皮张和毛皮集散地之一,部分产品销售到国外。在和国外贸易过程中,通过技术交流,逐步出现了使用欧美技术的皮革作坊。1902 年,湖广总督张之洞在武昌筹办南湖皮革厂,开始使用铬鞣法制革。随后,新式制革及加工技术开始逐步推广。第一次世界大战爆发后,由于西方国家陷于战争,我国皮革工业得到了长足发展,仅上海一地,皮革厂就增加至 100 多家。此后,国内的皮革需求日益增加,各大城市大都设有皮革厂。

在这一时期,国内的制革研究取得了可喜进步。侯德榜作为国际知名制碱专家,同时在制革方面的研究也成果非凡,1921年他在美国发表的博士论文《铁盐鞣革法》是我国皮革界最早的一篇博士论文;陶延桥教授执教期间,提倡"崇尚科学",坚信"实践出真知",鼓励并指导学生大胆突破传统理论和方法的局限,开创制革工艺新路子、新方法,编著了中国第一部皮革专著《制革学》;张铨教授是我国在辛辛那提大学制革研究系的第一位博士学位获得者,他的博士论文站在制革学前沿,深层次探索植物鞣革机理,提出植物鞣质与胶原相结合系物理化学吸着作用的假设,并作了科学论证,为国际辛辛那提学派植物鞣革机理吸着学的创立提供了开篇之作;杜春晏教授创建了我国第一个制革鞣料试验示范工厂,主持进行了四川青杠碗鞣革性能、四川兔皮鞣制与染色等项目研究,为培养我国第一批制革和胶体化学人才作出了贡献。

在民国初期,制革产业分布广泛,大多以作坊式加工进行生产,使用新法制革的制革厂大多集中在上海、天津、广州等沿海大城市,尤其以上海较为集中。皮革加工的主要原材料有黄牛皮、水牛皮、山羊皮、马皮等,加工的产品以皮鞋、皮箱、皮包和皮带为主,产品主要销往大中城市。据统计,抗日战争前,我国年加工产量最高为400万张牛皮,1500万张羊皮。由于当时的国内加工能力有限,很多原材料都需先出口,由国外加工完成后再销往国内。

总体看来,新中国成立前,我国制革加工技术水平落后,制革加工设备、化工材料等基本依赖国外进口,皮革产品的品种较为单一,产品质量不如国外产品,技术水平落后于世界先进国家。

2.1.2 中国现代皮革产业发展(1949年至今)

新中国成立后,皮革产业在我国得到了较大发展,先后在大城市及许多中小城市兴建和扩建了一批制革厂,并配套兴建了一批植鞣剂、铬鞣剂、皮革化工和皮革机械制造厂。

新中国成立伊始,百废待兴,皮革工业的基础薄弱,而皮革产品又是重要的军需物资。因此,发展皮革产业刻不容缓。

1. 1949—1957年我国皮革产业处于恢复改造时期

在这一时期,国家相关部门出台了政策,采取积极措施,加大对制革产业的扶持,如推动猪皮制革、合理使用牛皮、统一管理牛皮、加强市场技术提升等,通过各类措施和政策的实施,皮革工业逐步恢复,皮革、皮革制品生产厂家有20多家,产品的产量增加迅速。

据统计,1956年我国制革企业有2000多家,革制品企业有4000多家,从业人员9.5万人,大部分为手工作坊。从1952年到1957年,全国轻革产量从495万平方米增加到1434万平方米,皮鞋产量从1200万双增加到3000万双,产品的花色品种有了很大改观,基本满足了军需、工业和民生的供给和需求。

2. 1958—1977年是我国皮革工业建设快速发展的20年

从我国国情出发,皮革工业通过自主发展、自我完善,基本形成了以国营企业为主体的皮革工业体系。皮革行业继续推广猪皮制革技术,成立了中国皮革工业总公司,对全国皮革工业进行归口管理,各地也相继成立皮革工业公司,形成自上而下的皮革工业专业化管理体制。

随着科技的发展，皮革生产工艺和机械研究不断进步，取得了大量的技术革新和进步，酶法脱毛、国产栲胶研制、全国统一鞋号、皮革机械定型等方面工作加快了皮革工业的技术进步，有效提升了行业的综合技术水平。

3. 1978—1987年是我国皮革工业提高技术水平的10年

在改革开放路线方针的指引下，皮革工业开始实施"调整、改革、整顿、提升"的方针，恢复正常生产，提升技术水平。1978年，恢复了一年一度的皮革、皮鞋、皮件产品质量鉴定评比工作及国家优质产品评选，加强了国际交流合作，皮革行业开始加强对外交流、出访、培训等各类活动，联合国工业发展组织(UNIDO)援助中国政府关于皮革技术建设项目启动。

在技术方面，组织了"六五""七五"技术改造及技术攻关，加强对皮革工业设备进行引进和技术改造，从捷克斯洛伐克和意大利进口的制革设备大幅增加，并加强了制革废水的处理。

轻工业部提倡自力更生、自给自足，完善皮革主体行业和配套行业的产业链，皮革化工、皮革机械、皮革五金、鞋材等配套企业日益增多，皮革染料也列入化工部下属企业定点生产。科研和标准化的工作也逐步推进，开始制定、修订各类皮革、毛皮、皮鞋等产品的检验方法、国家标准及部颁标准，高校的皮革专业恢复了高考招生，皮革工业研究所恢复了科研工作。

这一时期，猪皮制革获得大发展。1987年，猪皮革产量达到8200多万张，创造了世界猪皮革产量记录。皮革行业基本实现了机械化、半机械化生产，劳动生产率大幅度提升。同时，制革行业的体制发生了改变，乡镇企业开始出现，集群生产开始显露出巨大的生命力。皮革机械、皮革化料逐步从进口转为国产，形成了皮革机械的专业化队伍；皮革化料在引进技术的基础上，一方面消化吸收，一方面仿制创新，在鞣剂、栲胶、加脂剂、皮革专用染料等关键性化工材料上基本实现了国产化。

皮革行业的生产水平稳步提升，效益指标显著。1987年，我国皮革行业实现工业产值119亿元，轻革产量1.3万亿平方米，皮鞋产量3.1亿双，皮箱1192万只，出口创汇7亿美元。

4. 1988—1997年我国皮革工业发展走上快车道

随着我国改革开放程度不断深化，经济体制改革开始走上了快车道，极大地解放了生产力。随着世界经济结构调整，皮革工业作为劳动密集型行业，从发达国家开始逐步向我国转移，皮革产业迎来了大发展时期，但也面临着环境保护和生产发展之间的矛盾。

这一时期，我国皮革工业抓住了机遇，进一步完善了产业体系，初步确立了世界皮革生产大国的地位。

1988年，国务院进行了机构改革，轻工业部、纺织工业部退出了政府序列，成立了中国皮革工业协会，地方行业协会随后成立。

1990年，国家取消了实行24年的猪皮财政补贴政策，也给制革业带来了生存的压力。这一时期，国家"七五"和"八五"科技攻关项目全面完成，推动了行业科技的发展，提升了皮革工业的技术水平。皮革行业随着国家市场经济体制的建立，产业的经济结构也发生了深刻变革,国营企业萎缩,民营企业异军突起,三资企业强势扩张。以东南沿海地区为中心,各类皮革产品加工的聚集区、集群生产区和专业市场逐步形成,成为皮革行业发展的新平台。

我国先后从意大利、法国、德国等国家引进了包括去肉机、剖层机、挤水机、干燥机、削匀机、转鼓等20余种先进的制革专用设备,促进了我国皮革产品质量、生产效率的提高,加速了国产制革专用设备的更新换代,皮革工业的发展进入了快车道,生产格局发生了巨大变化。

在当时,以产地为依托的皮革制品批发市场和以商业销售为主的城市批发市场应运而生,形成了几大皮革工业经济区,实现了从传统的手工作坊生产的落后状态向机械化、现代化的转变。随着皮革产业链不断完善,鞋、皮革服装等产品的加工规模不断扩大,我国逐渐成为全球公认的皮革生产大国。

这10年间,我国皮革行业拥有了完善的产业链,工艺技术和产品质量逐步和国际接轨。1995年,据统计当时我国有皮革企业和生产单位1.6万个,从业人员200多万。行业有制革企业2300多家,制鞋企业7200多个,皮衣企业1700多个,毛皮及制品企业1200多个,皮箱企业523个,皮包企业1501个。

随着市场经济的发展,江苏森达鞋业、山东文登皮革、河南鞋城、辛集东明、海宁卡森等企业脱颖而出,成为集体民营经济的代表;无锡奇美皮革、巴斯夫(上海)染料、德瑞皮化等三资企业、外资独资企业也开始崭露头角,成为皮革行业发展过程中的扩张典型。上海皮革公司制革总厂、广州人民制革厂等国营企业逐步退出了市场。

这一时期,我国世界皮革生产大国的地位基本确立。据统计,1997年,我国加工皮革1.02亿张(折合牛皮)、生产轻革2.4亿平方米、生产皮革服装7900多万件,轻工系统内完成工业总产值205.9亿元,比1990年增长了50.9%。

5. 1998年以后我国皮革产业进入了全面繁荣时期

1998年,中国皮革工业协会提出了"二次创业"的发展战略,随着我国2001年加入世贸组织,中国皮革行业进一步参与国际分工,提升了行业的国际化水平,发展进入了快速扩张阶段,随之而来的国际贸易摩擦也不断出现。2005年,欧盟对我国皮鞋实施反倾销调查,并于2006年对我国出口到欧盟的皮鞋开始征收16.5%的反倾销税。

1997年后的亚洲金融风暴对我国的皮革产业造成了巨大影响,出口下滑巨大,行业面临着巨大的生存压力。1997年10月,国家下调了进口关税,加之企业积极应对,行业迅速摆脱了困局,成功应对了金融危机。

2005年,我国皮革工业规模以上企业有20000多个,其中制革企业2300个,制鞋企业7200个,皮具企业2000多个,毛皮企业260多家,从业人员500多万。

2010年,我国规模以上皮革、毛皮及其制品行业的工业总产值7473亿元,同比增长26.9%,比1998年增长了近6倍;出口538.3亿美元,规模以上皮革企业生产轻革(猪牛羊革)7.5亿平方米(折合牛皮2.2亿标准张),占世界产量的20%以上,居世界第一位。生产皮鞋41.9亿双,皮革服装6237万件,天然皮革包袋7.8亿只,毛皮服装312万件,均居世界首位。

中国已成为全球最大鞋业生产中心和销售中心,形成了十分完善的产业链和发展平台,已占据了全球鞋产品市场的60%以上。我国制革行业步入平稳发展新常态,2012年我国轻革产量达到7.47亿平方米。

2014年以来,随着环保标准以及行业规范的实施,制革行业开展了广泛深入的整顿提升工作,区域结构调整基本完成,皮革行业的清洁生产成为主流。

2016年,全国轻革产量达到7.35亿平方米,规模以上皮革主体行业(皮革、毛皮及制品和制鞋业)企业完成销售收入1.4万亿元。

2017年,中国皮革工业继续保持增长态势。全国年销售收入2000万元人民币以上的皮革、毛皮及制品和制鞋业企业销售总收入1.37万亿元。皮革、毛皮及制品和鞋类出口787亿美元。

2018年,世界皮革产量约13.7亿平方米,中国产量为6.9亿平方米,中国产量占全世界产量的50%以上。

2020年,我国规模以上皮革企业销售收入9593.07亿元,利润总额537.89亿元;轻革产量5.77亿平方米,占世界总产量的20%以上。全国鞋产量约110亿双,占世界总产量的60%左右。轻革、鞋、皮革服装、毛皮服装、箱包产量均居世界首位。2020年,我国皮革行业出口总额680.67亿美元,进口总额152.39亿美元,进出口总额位居世界皮革行业首位,为我国稳增长、稳外贸、稳就业做出了重要的贡献。

2021年,全行业规模以上企业的营业收入超过1.1万亿元,全年皮革产品出口总额超过2500亿元,较2020年有所回升。

2022年,我国皮革行业重点企业销售收入继续维持在万亿元以上水平,出口额首次突破千亿美元大关;鞋类、轻革、皮革服装、毛皮服装和箱包等主要产品产量继续保持世界第一,中国制造、中国供应链成为全球皮革行业发展的稳定剂、助推剂、强心剂,为世界皮革行业可持续发展贡献了中国力量。

总之,随着我国皮革产业的不断发展壮大,皮革产业已经成为国民经济的一部分走进千家万户,成为我们日常生活的一部分。

2.2 中国制革工业发展特点

2.2.1 世界经济格局调整,中国制革迎来新机遇

进入21世纪,在经济全球化浪潮下,制革行业逐渐向发展中国家转移,形成了全球分工协作、差异化竞争的崭新格局。

以意大利、西班牙、德国为代表的欧洲制革工业,因环保法规的日益严格而逐年萎缩,皮革生产、皮革贸易形势日显严峻。亚洲地区充分利用丰富的原料皮资源、廉价的劳动成本,以广阔的皮革消费市场为后盾,取得了长足发展,成为世界重要的原料皮和成品革生产基地。尤其是东亚、东南亚地区制革工业迅速崛起,以中国、越南、印度、泰国等为代表,制革工

业突飞猛进,进一步抢占了国际市场,越发注重提高产品附加值,发展皮革产品深加工。

以美国、墨西哥、阿根廷和巴西为代表的美洲皮革生产国家,凭借原料皮资源优势、较先进的制革技术,由原料皮供应逐渐向皮革生产的角色转变,与亚洲皮革生产国家形成竞争。

世界皮革生产及贸易中心从20世纪末开始向亚洲转移,到21世纪世界皮革生产及贸易中心已经转移到亚洲。

皮革行业是重要的民生产业,历史悠久。在过去的30多年里,中国皮革行业与全球皮革行业深入互动,共同发展,在设计创新、科技进步、绿色制造方面,取得了巨大的发展成就,为满足世界人类消费需求、带动全球经济增长做出了重要的贡献。

中国皮革行业形成了制革、制鞋、皮衣、箱包、毛皮制品等优势主体行业,形成了皮革机械、皮革化工、皮革五金、鞋用材料等完善的配套行业,形成了涵盖设计研发、生产制造、市场流通等各个环节完整的产业链,上下游关联度高;制革是基础,科技是灵魂,皮革机械、皮革化工是双翼,制鞋、皮衣、皮件、毛皮服装等皮革制品是拉动力,形成完整的皮革产业链,行业从业人口近2000万,每年加工皮革(折合牛皮)近2亿张。

我国制革行业起步较晚,经过百余年发展已成为全球制革大国,也已成为世界皮革贸易最活跃、最有发展潜力的市场之一。制革行业是轻工业中的重要产业,也是国民经济的重要产业,在经济和社会发展中发挥着重要作用。为支持制革行业的快速、健康发展,国家、地方相继出台了一系列的产业政策。

"十三五"期间,我国皮革行业结构调整持续深入,自主创新能力不断提高,质量水平进一步提升,品牌梯队日益壮大,进出口总额位居世界皮革行业首位。

2.2.2 精耕细作,中国皮革产业大发展

自改革开放以来,中国皮革工业得到快速发展,已成为世界公认的皮革生产大国,其产量和出口均居世界首位。但中国是世界皮革生产大国,并不是强国,与当前国家的要求及国际先进水平还有不小的差距,例如,原料皮质量档次低,产品加工深度和精度不够,缺乏名牌,化工材料相关机械设备欠先进等。尤其是随着国外制革产业向我国迁移,市场竞争加剧。因此,进一步调整产业结构,研究和推广清洁生产技术是我国生态制革的必由之路。

经过调整优化结构,我国皮革产业集群快速发展,已初步形成上中下游产品相互配套、专业化强、分工明确、特色突出、对拉动当地经济起着举足轻重作用的产业集群地区。

在产业布局上,东部和中西部协调发展,推动产业有序转移和有效承接。四川、河北、山东等地凭借劳动力与皮源优势,承接产业梯度转移,在新技术、新平台上实现新跨越,走转移与转型结合、提升与扩张共进的新型产业化发展之路。产业链布局不断优化,对整合资源、提升效率、支撑行业可持续发展发挥积极作用。

目前,在皮革行业蓬勃发展的过程中,我国也形成了一些皮革特色产业区。

浙江海宁——中国皮革之都·海宁

河南睢县——中国制鞋产业基地·睢县

河北昌黎——中国毛皮产业基地·昌黎

山东临沂——中国毛皮基地·临沂经济技术开发区
河北辛集——中国皮革皮衣之都·辛集
福建晋江——中国鞋都·晋江
广东花都狮岭——中国皮具之都·花都狮岭
浙江崇福——中国皮草名城·崇福
浙江温州——中国鞋都·温州
河北肃宁——中国裘皮之都·肃宁
四川成都武侯——中国女鞋之都·成都武侯
重庆璧山——中国西部鞋都·璧山
浙江温岭——中国鞋业名城·温岭
河北枣强——中国裘皮服装服饰名城·枣强
河南孟州桑坡——中国毛皮之都·孟州桑坡
辽宁佟二堡——中国皮草之都·佟二堡
广东鹤山——中国男鞋生产基地·鹤山
浙江平湖——中国旅行箱包之都·平湖
辽宁阜新——中国制革示范基地·阜新
浙江瑞安——中国箱包名城·瑞安
浙江东阳——中国箱包产业基地·东阳
山东高密——中国鞋业生产基地·高密
江苏丹阳——中国鞋业基地·丹阳
四川德阳——中国皮革化工生产基地·德阳
山东蓝村——中国制鞋基地·蓝村
河北故城——中国运河裘都·故城
浙江余姚——中国水貂皮服装产业基地·余姚
广州长腰岭——中国裘皮之乡·长腰岭
河北阳原——中国毛皮碎料加工基地·阳原
广州白云——中国皮具商贸之都·白云
江西新干——中国箱包皮具产业基地·新干
山东文登——中国裘皮产业基地·文登
安徽宿州——中国现代制鞋产业城·宿州
湖南邵东——中国箱包皮具生产基地·邵东
河南鄢陵——中国箱包皮具产业基地·鄢陵
广东惠东——中国女鞋生产基地·惠东
河北白沟——中国箱包之都·白沟

上述产业集中地区的产业结构完整,涵盖了从制革加工前端、副产品、五金到终端产品的所有产业链,是世界其他国家所不具备的。

2.2.3 产业链条全、数量质量高、基地数量多的中国皮革产业

1. 皮革之都——海宁

皮革业是海宁的一个传统产业,已有90多年历史。地处杭嘉湖平原的海宁,历史上是重要的湖羊繁育基地,优质的羊皮为海宁的制革业提供了丰富的原料。1926年创建的海宁制革厂,是海宁皮革业发展史上第一家具有现代工业意义的制革企业,奠定了海宁皮革业的基础。其生产的"蝴蝶"牌猪皮服装革产品两次荣获国家银质奖,独特的酶法脱毛技术曾获得全国科技大会奖,在国内制革行业处于领先地位。

在全国大建市场的高潮中,海宁中国皮革城(原名浙江皮革服装城)于1994年建立,1996年实现了初步繁荣,并在2001年进行了第一次改造。为进一步推动海宁皮革特色产业的发展提升,拓展海宁中国皮革城的服务功能和发展空间,加快市场的提档扩容升级,海宁中国皮革城于2005年整体搬迁至新城,2008年其以皮革服装、皮革沙发套为主的皮革制品产品覆盖全国,并出口到五大洲110个国家和地区,出口额6.21亿美元。其中皮革服装出口额1.5亿美元,皮沙发套出口额1.48亿美元,票夹箱包出口额4549万美元,成品沙发出口额2.56亿美元。就全国而言,海宁的皮革业,无论是产品产量还是出口创汇额,均名列全国同行之首。

近20年来,海宁皮城在扩建总部市场的同时,不断整合皮革产业价值链的上下游,凭借客户资源、商业模式和厂商直销的价格优势进行异地扩张,复制经营连锁市场。目前,海宁市共有皮革工业企业1486家,从业人员12万余人。"十三五"期间,海宁皮革行业轻革年产量折合牛皮约450万张,占全国总产量的5%以上,生产皮革服装约2900万件,产量均居全国首位。2020年,规模以上皮革企业总产值61.59亿元,主营业务收入64.23亿元。皮革行业承压前行,企业从追求规模效益逐步走向内涵式发展。

其中,海宁中国皮革城已成为目前中国规模最大、最具影响力的皮革专业市场之一,是中国皮革业的龙头市场,也是全国中高端秋冬时装的一级批发基地。目前,已建成以海宁为总部,辐射东北、华北、华东、川渝、湖广、新疆等地的连锁市场网络,占据全国皮革服装市场60%以上的份额,直接辐射人口近3亿,年交易额超过200亿元,客流量1400多万人次。其中皮革服装占到全国交易总量的50%以上,全国60%以上的新款皮装都出自海宁设计。

中国海宁拥有全国最大的集设计创意、生产加工、品牌孵化、产品交易等功能为一体的皮革产业基地,而今海宁皮革城连锁市场已经遍及全国,网络交易辐射海外,时尚潮城正向着世界时尚版图的中心坚定前行。

早在半个多世纪前,海宁制革厂就自主研发铬鞣绵羊皮服装手套革,被称为"打开了中国皮革工业第一个成品外贸之门"。秉持开放的视野,从成立之初起,海宁中国皮革城向着打造"全国时尚第一城"的目标稳步迈进。

而今依托本地产业基础,海宁中国皮革城建立起日趋成熟的品牌成长体系,将产业的辐射力延伸至面辅料供应、时尚创业园、厂房租赁、设计研发、时尚发布、时装批发、总部商务、会展外贸、电子商务等领域。海宁皮革时尚产业拥有相关企业7600余家,自有品牌5000余

个,包括中国驰名商标 4 个,皮革时尚产业年营业总收入超 500 亿元。

早在全行业竞争刚刚起步的年代,海宁就将"时尚"和"设计"作为提质升级的主要着力点,亮出"海宁设计"的金名片。

随着电子商务经济的快速发展,消费者的购物观念和购物方式发生了显著变化,在电商销售占比不断上升的背景下,皮革服装产业"上网"成为必然。海宁皮革产业主动拥抱变革,快速构建皮革电商发展新路径。2021 年,海宁中国皮革城电商直播基地启用以来,月均开播 2000 余场,销售额高达 166.13 亿元,成为嘉兴唯一的"省级直播电商产业基地"。为进一步推动发展,基地建设了 B2B"皮城云批""潮来 CLUB"等线上平台,组建供应链、MCN(多频道网络)、皮革城物流团队,设立质检化一体运营中心(QIC 仓)。此外,海宁中国皮革城还与线上"抖音"平台紧密合作,共同推动了电商产业基地的快速发展,实现了 2023 年线上销售额(GMV)近 200 亿元。

同时,海宁中国皮革城建立了全过程动态化管理的数智化市场运营管理平台、实现了商场式购物体验的数智消费服务平台、以"大数据+管理"服务体系为主要支撑的数智化园区"智慧大脑",以及可以承接国际面、辅料展和皮革博览会等展会活动的数字产业服务平台。

作为全球规模最大的皮革专业市场、生产基地和贸易集散中心,皮革城已从单一交易市场发展成为全产业链服务平台。"中国皮革之都"正迈向"时尚之城"。

在中国皮革协会主办的历届"全国皮革服装设计大奖赛"中,海宁市多次荣获各类大奖。目前,海宁市皮革产品共有 2 个中国名牌、6 个浙江省名牌、7 个嘉兴市名牌、1 个中国驰名商标、7 个浙江省著名商标、12 个嘉兴市著名商标、4 个国家免检产品。皮革业品牌群体的兴起,为海宁皮革业整体实力的提高创造了良好条件。

2. 中国鞋都——温州

温州是中国鞋革业的发祥地之一,早在南宋,就有皮鞋业的"专业户";明朝成化年间,温州生产的鞋靴因做工精巧成为朝廷贡品。20 世纪 20 年代,温州鞋革业已相当发达,出现了制革街、皮鞋街和皮件街,形成了手工鞋革业的完整体系,还同东南亚国家建立了贸易关系。新中国成立后,温州的鞋革业得到进一步发展,皮鞋成为温州名品,获得过众多的全国第一。

改革开放初期,温州鞋革业得到空前发展,前店后厂作坊式的小厂大量涌现。温州皮鞋在以价廉、美观的特色形成竞争优势的同时,也有许多劣质皮鞋流向全国各地,引起消费者不满。1987 年 8 月 8 日,杭州城一把火烧毁了 5000 多双温州劣质鞋,同时引发了全国其他地方"围剿"温州鞋。正是这把大火,烧醒了温州人的质量意识。温州制鞋企业在市政府"质量立市、名牌兴业"思想指引下,痛定思痛,组建了全国首个鞋业协会,开始抓监管、重质量、兴科技。

康奈集团首开温州机械化制鞋,其引进国外制鞋流水线,率先走上品牌兴业之路。1993 年,康奈皮鞋被评为中国十大鞋业大王,吉尔达皮鞋获金鞋奖。1996 年,康奈皮鞋获中国皮革行业协会授予的首届"中国真皮鞋王"。1998 年,康奈、奥康、吉尔达三个温州皮鞋品牌被评为"中国十大真皮鞋王"。

2001 年 9 月,中国轻工业联合会和中国皮革工业协会授予温州"中国鞋都"荣誉称号。

2006年及2012年,"中国鞋都"又以优异成绩通过了复评考核。此外,温州还获批"中国鞋类出口基地",并成为由国家商务部批准的第一批"国家外贸转型升级示范基地"。

沿着内强品质、外树形象的发展思路,温州初步构建起了以鹿城为核心,龙湾、瓯海、瑞安、永嘉等多点协同的"中国鞋都"新发展格局,拥有全国性的鞋都工业园。2017年,鞋革行业产值突破千亿,成为温州继电气之后第二大千亿产业集群;2020年,温州鞋革行业完成工业总产值934.2亿元,随着中欧班列"温州号"开通,"中国鞋都"企业国际化发展再添助力,产品远销全球162个国家(地区),在国内外市场都具有巨大的影响力和号召力。2023年,温州市鞋革行业实现总产值870亿元,其中规上工业企业总产值481.4亿元,同比增长8.9%,规上工业增加值达到110.0亿元,同比增长6.1%。如今,世界每七双女鞋中,就有一双来自温州鹿城;与世界共舞,成就了温州二十多年来稳坐"中国鞋都"国字号C位。

鞋业的发展拉动了产业链,形成由制鞋、制革、皮件3个主体产业和合成革、鞋材、鞋机、鞋楦、鞋模、鞋饰、皮革化工等配套的工业生产体系及相关的专业市场,催生了"中国合成革之都""中国胶鞋名城""中国皮都""中国鞋都安全鞋名城"等国字号产业基地。

由中国皮革协会发布的"第八届真皮标志排头品牌"评选结果显示,温州仍然是中国皮鞋品牌聚集最多的地区。在评出的10个"中国真皮领先鞋王"中,康奈、奥康、红蜻蜓、蜘蛛王、意尔康等温州鞋类品牌占据半壁江山。

温州制鞋始于南宋、兴于明朝、成于当代,是当地的五大传统支柱产业之一,拥有巨一、卓诗尼等规模以上制鞋企业近800家,年销售收入超亿元鞋企80余家,产品远销欧盟、俄罗斯、韩国、日本等国家和地区。温州鞋革产业以产业链完善为显著优势,形成产业规模优势突出、专业分工配套完善、品牌集聚效益明显、经济效益显著等特点,成为全国乃至全球著名的鞋类产业集聚示范区,其龙头地位不可动摇。在未来,温州鞋业也将锚定千亿级鞋业产业集群建设目标,全力推动"中国鞋都"向"世界级鞋业产业集群"跨越。

3. 中国鞋都——晋江

晋江市位于福建省东南沿海,三面临海,东濒台湾海峡,南与金门相望,是全国著名侨乡,拥有200多万华侨及港澳台同胞。早期的晋江制鞋业以合成革和塑料凉鞋著称,主要以家庭作坊式运营,生产和经营模式较为粗放。1979年3月,陈埭镇洋埭村的林土秋等14人以每人出资2000元创办了"洋埭服装鞋帽厂",在该厂生产出了第一双晋江系运动鞋,陈埭镇也因此被誉为"鞋界的黄埔军校"。20世纪80年代,耐克、阿迪达斯等国际品牌将生产基地选在晋江,使其逐渐以代工厂的角色存在。这一阶段,晋江鞋厂不仅学习到先进的生产技术,还培养了熟练的制鞋工人,形成了较为完整的产业链,并开始具备一定规模。1999年,晋江鞋企启动了造牌运动,众多品牌如安踏、特步、匹克、361°、乔丹、鸿星尔克和贵人鸟相继涌现。为了提升品牌知名度,这些企业还投入大量资金请明星代言,如孔令辉的宣传语"安踏,我选择、我喜欢""361°,多一度热爱"和"Deerway, on the way",极大地增强了品牌的曝光率,使其家喻户晓。

2001年3月,中国皮革与制鞋工业研究院、中国皮革工业信息中心、全国制鞋工业信息中心、(全国)制鞋行业生产力促进中心共同授予晋江市"中国鞋都"荣誉称号。晋江市成为中国最大的旅游、运动鞋生产基地,同时也是世界运动鞋的重要生产基地和国内鞋业原辅材料的主要集散地。

2013年,晋江从事成品鞋配套生产的鞋底、鞋面、皮革、五金制品等专业厂家已达1500多,其中鞋企研发中心23家(省级21家、国家级2家),形成陈埭鞋材市场、中国鞋都、晋江市鞋业品牌一条街等区域配套市场。陈埭鞋材市场长达数公里,集鞋业原辅材料批发、零售、储运、鞋机展销为一体,年交易额达80亿元,是当时国内规模最大的鞋材市场之一。

作为中国鞋都、中国运动鞋服之都、国家级体育产业基地中唯一的县级市和排名第四的中国百强县,晋江体育产业领域的制造业实力十分强劲。近年来,晋江鞋业产业水平急剧提升,市场份额迅速膨胀,创新成果不断涌现,区域影响迅猛扩张,在制定行业标准等方面均走在了全国前列。

2019年,晋江体育制造业规模以上产值首次突破2000亿元,达到2152.75亿元,占当地规模以上工业总产值39.2%,其中,制鞋板块规模以上产值1209.76亿元,服装板块927.13亿元。晋江坐拥万家体育企业,占有全国运动鞋服市场20%以上的份额和全球运动鞋服市场25%的份额(其中,运动鞋和旅游鞋占全国总产量40%,世界总产量20%),拥有国家级体育用品品牌42个,体育用品上市公司21家,运动鞋服产业现有中国驰名商标22个和中国名牌产品13个,并于2017年成为全国唯一的"运动鞋服产业知名品牌示范区"。出身晋江的安踏、特步、361°等更是成为国产运动品牌的标杆。

经过40多年的发展,晋江鞋业经历了显著的转变。从改革开放初期为国际品牌代工,模仿其运营模式,到现在成功打造自主品牌,晋江鞋企不断提升产品品质和研发创新能力。国产品牌的美誉度持续上升,在国内市场占有率稳步提升,部分品牌已超越国际知名品牌,成为全国三大制鞋基地之一。晋江鞋产业链条丰富而长,从"一根丝"到"一双鞋",各环节都愈加完善。晋江鞋企积极抢占价值链的中高端,从"晋江造"向"晋江智造"转型,注入更多科技含金量。它们引进国家级纺织鞋服大数据中心,落地多家数字化服务平台,推动90%以上企业实现"触网",进一步提升了产业竞争力和市场影响力。在这样的背景下,更多中国的纺织、鞋服企业不仅是参与国际品牌的供应链,还自主拓展海外市场,赢得更大市场空间,正当其时。

目前,我国皮革产业结构正在全面优化升级,各主体产业发展迅速,在皮革产品的研发、设计、管理、营销等领域不断进步,正在走出一条属于中国皮革行业的新型工业道路。

2.3 国外皮革产业发展历程

皮革是人类最早的文化产物之一,皮革工业是人类最古老的行业之一,皮革产业在国外的发展也具有十分悠久的历史。国外的皮革产业发展和中国的皮革产业发展历程类似,都是古人在不断探索和生活实践中逐步完善和提升的。

2.3.1 欧洲近现代的皮革科技发展

18世纪初,法国的考伯特(Colbert)是第一个深入进行制革科学技术研究的人,他系统地寻找新的植物鞣料,建议在制革时使用较高温度,用硫酸作膨胀剂,第一个使用剖层机,第一个提出用泥炭及硝酸制备合成鞣料。

1759年,德国的柏林学士会会员哥乃底曲发表论文,引起了人们对新鞣料的研发,1770年,约翰逊获得英国第一个铁鞣法专利。

18世纪70至80年代,是西方制革技术从经验向科学发展的转折期。人们开始研究鞣制方法的机理性、科学性问题,传统制革加工开始和现代科技相结合。

1794年,法国大革命时色古尹(Seguin)发明一种缩短鞣制时间的方法,裸皮用硫酸膨胀后,再用纯植鞣液代替树皮屑鞣革,鞣液是经水抽提后的高浓度浓缩物,这大大缩短了鞣制时间。色古尹是第一个提出制革机理的制革化学家,他提出了革是皮质与鞣质化学反应的化合物,他肯定在鞣制中能增加革的重量,认为动物胶原与鞣质沉淀的本质为化学成盐作用。

欧洲人对传统皮革鞣制工艺的研究起步很早,早期发表的文献至少可追溯到1762年。在20世纪初期,意大利人编制的《意大利大百科全书》中,对植物鞣革和矿物鞣革工艺就有很细致的描述。

随着工艺的不断发展,人们对皮革加工的技巧研究越来越深入,开始广泛使用雕刻、压花等技巧。14至16世纪的文艺复兴时期,皮革工艺被溶入绘画装饰,人们做出了精致的书皮等皮革制品,欧洲很多博物馆大量保存着当时加工的精美皮革制品。

随着工业加工水平的不断进步与蓬勃发展,欧洲的工会制度发达起来。皮革制造业者也成立同业协会,协会有较大的权力,比如在植物鞣用槲树皮及冷杉皮、明矾鞣及油鞣的制造方法中,规定细致到了个别关键的工艺细节。慢慢地,皮革从业者有了保障,加工技术不断进步,制革生产便更加兴盛起来,制革加工逐渐由家庭工业变为独立的手工业。

1898年,英国人伍德研究了软化机理后指出,传统使用的禽粪、狗粪都是多种酶的混合物,他是用人工培养法制造出制革软化剂的第一人。

1908年,德国人勒姆获得了生物软化法专利,命名为"Oropon"。他以胰腺萃取物中得到的胰酶为主体,添加缓冲盐和其他惰性物质,成功得到了酶制剂商品,结束了几千年来依靠经验传授软化技术的落后方式。

19世纪末、20世纪初,铬鞣革技术开始使用以后,制革业实现了最根本的转变,鞣革性能、品质大幅提升。铬鞣剂应用后,由于含有三价铬的化合物能够稳定地与皮革纤维结合在一起,这从根本上解决了鞣革过程中动物毛皮容易发生的腐烂问题,鞣制后的皮革变得更为柔韧,耐用性更好。

铬鞣革技术具有简单、快速、经济等特点,从20世纪初开始,全世界85%～90%的皮革制品都是用铬盐来鞣制的。除了少量皮革品种不适合铬鞣外,铬鞣可用于鞣制几乎所有的皮革(如牛皮、绵羊皮、山羊皮、猪皮、马皮、鱼皮、袋鼠皮、鹿皮和鸵鸟皮等)。

在19世纪后半期,欧洲人发明了鞣皮的转鼓,其结构为一个两端有固定轴的木质转筒,可由电机或人力驱动,转筒可绕轴线旋转,水、皮和化学药品被放入木质转筒内,然后根据需要调整转筒的旋转速度和时间,后来,加工转鼓的材质有金属、聚丙烯等。转鼓的出现大幅提升了制革的机械化水平,降低了制革加工的劳动强度。转鼓使用也大大提高了皮革鞣制速度,这个发明被认为是使皮革鞣制业从传统的手工操作时代转入工业化时代的第一步。

2.3.2 世界皮革产业发展变迁

20世纪60年代,世界皮革制造中心在意大利,70年代转移到日本和韩国,80年代转移到我国台湾地区,90年代转移到我国东部沿海。

在20世纪末和21世纪初的10年间,世界皮革制造工业发生了巨大变化。亚洲地区充分利用丰富的原料皮资源、廉价的劳动成本,以广阔的皮革消费市场为后盾,取得了长足发展,成为世界重要的原料皮和成品革生产基地。尤其东亚、东南亚地区制革工业迅速崛起,以中国、越南、印度、巴基斯坦和泰国等亚太区重要皮革生产国发展较快;以意大利、西班牙、德国为代表的欧洲皮革工业,因环保法规的日益严格而逐年萎缩,皮革生产、皮革贸易形势日显严峻;以墨西哥、阿根廷和巴西为代表的美洲皮革生产国家以其原料皮资源优势、较先进的制革技术等,由原料皮供应逐渐向皮革生产的角色转变,与亚洲皮革生产国家形成竞争;非洲地区拥有丰富的原材料资源,但皮革工业发展缓慢。

2020年,亚洲地区皮革生产量占世界生产总量的53%,欧洲地区皮革生产量占世界生产总量的27%,中北美地区皮革生产量占世界生产总量的10%,南美地区皮革生产量占世界生产总量的8%。

原料皮市场上,亚洲、欧洲、中北美地区以及南美地区原料皮生产量占世界生产总量的比例分别为40%、18%、17%和13%。

产品供应上,从20世纪90年代开始,大部分的生牛皮来自欧洲、北美、南美这三大区,排其后的是俄罗斯,以及整个亚洲地区。2015年以后,亚洲开始领先,排名最高,南美区经历了高峰和低谷之后排名第二,北美市场排名第三,欧洲产量逐年下跌,但最近几年正在企稳,最近俄罗斯也在下滑。绵羊皮、山羊皮全球的复合增长率是1.4%,而牛皮的全球复合增长率只有0.6%。从占比来看,亚洲2018年占据了总量的约60%,过去几年欧洲的量不断减少,差不多是28年前的一半。

从全球原料的价格看,在全球世界金融危机时,一些原料的价格跌到低谷,特别是绵羊皮、山羊皮的价格在2007年、2009年跌到低谷,但是在金融危机之后出现了一轮强劲的反弹。对于全球整个皮革行业,特别是制革行业,在最近中短期可能还会出现类似的情况。

关于全世界的皮革鞣制产业,这个产业每年生产超过1700 km^{2}的成品革,每年的产值相当于326多亿美元,因此这是个非常重要的市场。

从生产区域来看,亚洲无疑是全球最重要的制革产区,生产了全球三分之一的牛皮,三分之二的绵羊皮、山羊皮。欧洲的牛皮和羊皮(绵羊皮、山羊皮)的产量占比分别是17%、14%。新兴经济体或是发展中的经济体出现了市场复苏的迹象。

从国际贸易来看,在成品革方面,意大利是最重要的国家,有大约20%的成品皮革来自意大利;在蓝湿皮或生皮方面,美国是最重要的出口国,此外北美、澳洲、欧洲也是最主要的生皮出口国家和区域。在蓝湿皮和成品革方面,意大利和中国是最重要的进口国,在生皮方面中国是全球最大的进口国,第二名是意大利。

从皮革用途的趋势来看,最重要的用途就是制鞋,超过50%的皮革都用于制鞋。另外可以看到,在过去十几年里,经济快速发展带动了汽车革非常快速的增长。

从制鞋行业看,全球每年鞋的产量大约230亿双,产值约2000亿美元。2010—2012年比较稳定,2013—2014年有所上升,2015—2016年又有下滑,到2018年上升至271.76亿双,2022年全球鞋产量达239亿双,到目前为止,全球鞋产量基本处于稳定状态。

全世界最主要的鞋生产国,第一名是中国,其后是印度、越南,印度和越南鞋产量在2017—2019年增长非常迅速。真皮皮鞋的产值占整个鞋类产值的45%,占整个鞋类产量的20%。

真皮皮具的产值占整个箱包行业产值的42%,对于高端和奢侈品品牌的手袋,真皮是必须的。另外,服装产量在过去五年经历了很大的下滑,特别是中低端市场缩水严重,这主要是因为时尚潮流的变化,以及其他替代材料的出现。

总体来看,皮革产业应更多地提升产品的绿色环保性能,提升产品的价值,更多地传递关于皮革及其生产正确的信息,避免公众对行业的一些误解。

2.4 国外皮革产业特色区域

20世纪以后,世界皮革制造工业变化巨大,欧洲、美国等发达国家的皮革产业逐年衰退,亚太区的皮革生产有了更新、更大的发展,美洲皮革生产国家也开始逐渐发展壮大。

2.4.1 欧洲的皮革产业发展

1. 意大利

意大利有史可查的皮革生产历史可以追溯到13世纪,但在公元79年的庞贝城遗址中,已有考据表明那里曾有过制革厂。意大利最早的皮革中心是佛罗伦萨的圣十字区,那里至今仍然云集着各种制革厂,也是购买高级皮革制品的最佳目的地,尤以新市场或圣洛伦索市场最为有名。

意大利皮革以其精致工艺与时尚设计相结合的特色而蜚声世界,带有"意大利制造"标签的皮革在消费者心目中就意味着档次高、质量优,花色品种齐全,属于世界领先的一流时尚皮革制品。

意大利皮革制品通常选用全粒面皮革,这种皮革取自动物皮毛最厚实的部位,因而极为耐用。此外,这种皮革自带丰富的天然粒面纹细节,彰显出它非凡的美感。一些意大利生产商仍在使用植鞣工艺,这需要很长的时间,最终产品的价格也会更高。然而,相比于现代的铬鞣工艺,这种传统工艺所制作的产品更加耐用。

2016年,意大利制革业的总销售额达50亿欧元,制革业出口额也排名全球第一,达到38亿欧元。进入2017年,意大利制革业的销售额规模有所提升,达50.6亿欧元。皮具和汽车成为助推意大利制革业提高的重要因素。受奢侈品牌销售业绩的强劲推动,2019年意大利鞋类出口额超过 100 亿欧元,创历史新高。2020 年意大利成品革总产量为 9730 万平方米,不包括鞋底革,其中,超过 3500 万平方米成品革用于制鞋生产,占皮革总产量的 36.1%。这意味着制鞋行业仍然是意大利成品革的最大应用领域。手提包和其他配饰是意大利皮革的第二大市场,其消费量达 2550 万平方米,占总产量的 26.2%。用于汽车座椅的内饰材料和家具革用量持平,均占皮革总产量的 15.7%,为 1500 万平方米。

在 2022 年,意大利对法国的皮革出口实现了增长,这使得法国成为意大利皮革产品新的首选海外市场。紧随其后的是西班牙、葡萄牙、德国、塞尔维亚和突尼斯。针对意大利制革行业各类产品的综合分析揭示,绵羊皮和山羊皮产品表现出色,无论是在价值还是产量上都实现了两位数的增长,特别是山羊皮产品的表现更为显著。相比之下,尽管牛皮(包括小牛皮)的产量出现了下降,但其产品的价值却呈现增长态势。

2023 年,意大利制革业的收入达 42 亿欧元。意大利制革业的价值约占欧洲制革业的三分之二,占全球制革业的约四分之一,就重要性而言,意大利制革业位居世界第一。

2. 土耳其

纺织业,一直是丝绸之路要塞——土耳其的支柱产业之一,土耳其的棉花产量、羊毛产量和人造纤维产量均居世界前列。据统计,纺织和服装行业占该国生产总值的 5.5% 和工业总产值的 17.5%,占制造业产值的 19%,占制造业就业人数的 20% 左右,占出口总值的 30% 左右。土耳其纺织业的技术水平居世界领先地位,纺织服装配套行业,如针织、色染、印花以及装饰等都很发达。地毯、家纺家居产品和皮草皮革制品,是土耳其纺织业独具特色的产品门类。

皮革和皮革制品是土耳其的传统制造业。过去一千年以来,土耳其畜牧业的发展影响了皮革业,并使皮革业成为土耳其经济产业中不可或缺的一部分。随着皮革制造技术的不断创新,土耳其已成为欧洲第二大皮革制造国。此外,土耳其也是皮草制造的大国。在全球皮革市场中,土耳其以其优质和设计独特的皮革制品占有举足轻重的地位。

2022 年 1 月至 9 月,土耳其皮革行业出口总额达到 13 亿美元,同比增长 20%,其中,鞋类 7.91 亿美元、箱包皮具 2 亿美元、皮革 2 亿美元。

皮革产业在土耳其是个优秀的产业,皮革是土耳其重要的出口产品。土耳其皮革历史悠久,是世界皮革工业发达国家之一,有"世界皮革加工厂"的美称,不仅拥有丰富优质的原料皮,而且还拥有先进的制革加工设备以及优秀的设计师,除此之外,地理位置优越更是土耳其得天独厚的优势,土耳其国土横跨欧亚大陆,无论是原料采集,还是产品外销都十分便利。

土耳其皮革品牌在工艺、设计和质量方面均可跻身世界顶级皮革制造商之列。作为世界上最古老的艺术,皮革工艺在世界古老文明的摇篮——安纳托利亚代表了传统的传承,正是源于此历史的传承,土耳其在传统的皮革加工领域经验丰富,发展了 Derimod、Beymen、Desa 等皮革品牌和制造商,这些品牌不仅在自己的祖国树立了高标准,而且还引起了全球的关注。

3. 西班牙

在西班牙的传统工业部门中，最重要的正是纺织服装行业。西班牙的服装业在欧盟中位居第五，而其制鞋业以占世界出口额的6%而位居第三，仅次于中国和意大利。

近年来，西班牙纺织服装产业逐渐放慢发展速度，目前，西班牙的纺织服装行业已经由劳动密集型转为资本密集型。劳动力成本占产品成本的比重下降，资本运作的比重上升，已经具有较强的市场竞争能力。

制革是西班牙历史悠久的传统工业，最早起始于几个世纪以前，是从纯手工的作坊式工业逐步发展为现今的高科技产业。其设计时尚，技术含量高，特别是生皮质量上乘，在国际市场上拥有良好声誉。西班牙的皮革绝大多数用来加工皮鞋，其次为皮革服装、皮革制品和装饰用品。西班牙迅速崛起的制鞋工业在很大程度上带动了制革行业的发展，而且西班牙国内对于皮革服装、皮革制品和装饰用品的需求则十分有限，因此，此类成品皮革大多销往国外市场。

2022年1月至7月，西班牙皮革行业发展良好，营业额同比提高了15%，并且高于2019年同期水平。2023年初西班牙制革行业出口出现大幅增长，包括成品革和半成品革。2023年1月西班牙半成品革出口额上涨了24%，增加了150万欧元，成品革出口上涨了22.6%，其出口额增加了650万欧元。

4. 法国

法国制革企业数量不多，有60家左右，但一直是诸多国际知名品牌的重要供应商，有很多制革企业已经归属奢侈品品牌旗下。近年来，法国制革行业保持了平稳发展的态势。法国皮革协会主席弗兰克·伯利（Frank Boehly）称："法国皮革行业以其独特的精湛技艺和致力于生产持久产品而享誉世界，这将有助于推动时尚产业向更加可持续性转变。"

据皮革商务网数据显示，2022年法国皮革行业出口收入接近180亿欧元，比前一年增长22%，是2015年的两倍。2022年，法国原料皮只占出口总额的3%，法国是世界生皮出口第三大国。其中，75%的生皮出口到意大利。生皮出口总额为2.307亿欧元，与2021年相比增长了5%。同期，成品革出口同比增长17%，达2.566亿欧元。

5. 欧盟

2020年12月，欧盟皮革行业代表机构欧洲制革协会联盟（COTANCE）和欧洲工业工会（Industri ALL Europe）对皮革行业社会和环境报告（SER）做出了总结，该报告在2012年首次推出，本次报告是第二次发布。

更新的报告包含了11个欧洲国家79家公司提供的信息，其产量占欧盟皮革总产量的43%。从就业方面来看，皮革行业被视为稳定可靠的就业行业。在欧洲，超过50%的制革工人工作时间在10年以上。目前，90%的工人都是签订的长期劳动合同，而这一比例在2012年为87.5%。

有关制革行业对环境的影响，新报告指出，欧洲制革商已将制革过程中化学物质的用量减少到2.15 kg/m^2，平均耗水量为0.121 m^3/m^2，与2012年相比减少了7%。报告称，制革行业不属于能源消耗性行业。近三年数据显示,生产 1000 m² 的成品革平均消耗 1.76 t 石油当量的能源;与之对应,2012 年的数字是 2 t。同时,制革行业还通过研发投入和工艺改造实现了节能减排,大部分的燃气能源消耗都用于加热提升加工浴液的温度。

欧洲的制革污水处理厂可实现几乎 100% 的污染物过滤,如悬浮物、三价铬、有机氮、氨和硫化物。新报告称,皮革是循环经济产品的最好例子,制革厂将肉类加工的副产品加工成皮革,而制革产生的废料都被回收利用(用于制造明胶、胶原蛋白、肠衣、化肥等)。

2.4.2 美洲的皮革产业发展

1. 美国

美国是世界上最早的制革生产国家之一,19 世纪上半叶,美国制革行业发展非常兴旺,而且为美国国民经济做出了巨大贡献。从 1970 年开始,美国皮革工业就在日趋萎缩。现已变成世界最大的消费国,特别是皮革工业产品,进口量逐年增加,出口量在逐年下降。美国是世界大张牛皮和蓝湿皮的重要生产国家,出口量在逐年增长,中国是美国牛皮的重要进口国。

2019 年前,美国皮革业正处于艰难时期,消费者越来越多地购买合成材料替代产品,与中国的贸易战对美国皮革行业也造成了沉重打击。皮革一直是美国的一个主要产业,美国第一个制革厂于 1616 年在詹姆斯敦建立。20 世纪 50 年代,美国皮革行业从业人员达 3 万多名。2020 年,只有近 2.5 万名工人,而且还在逐年减少。

根据美国原皮和皮革协会的数据,2015 年前,每张牛皮的售价为 120 美元,2020 年,只卖到 33 美元左右,主要原因是成品革价格大幅下跌。2014 年,由于美国遭遇多年来创纪录的干旱,2014 年美国牛养殖存栏量跌至 60 年来的最低水平。牛肉价格飞涨,人们开始从吃汉堡包和牛排转向吃猪排和鸡肉。这意味着牛的屠宰量减少,牛皮市场开始出现供不应求。皮革是牛肉工业的副产品,当牛肉消费减少了,牛皮供应也就随之减少。最终,导致美国 2014 年的皮革价格创出历史新高。

原皮价格上升对制革商来说是件好事,尽管购买生皮的花费增加了,但制革商可以提高成品革的销售价。不过设计师在产品设计中很多放弃了皮革材料,使用便宜的合成替代品。2019 年,美国皮革产品的市场份额下滑严重。

随着养牛业重新兴旺,美国人消费的牛肉比以往任何时候都多,这意味着为市场提供了大量的牛皮。但不幸的是,皮革市场需求并没有同步增长。尽管皮革的价格已跌至谷底,但使用真皮的生产商还是越来越少。

2019 年,皮革行业陷入中美贸易战,被征收关税的商品涉及生皮和皮革。美国生皮对华出口下降了 35%。

中国是皮革行业生产大国和出口大国,其毛皮服装、鞋类产品、箱包出口量均居世界第一,2017 年中国皮革行业出口 787.36 亿美元。美国作为中国皮革行业的第一大贸易伙伴,占 2017 年我国皮革行业出口额 23.7%,为 186.64 亿美元。其中,对美出口鞋类产品总额 118.4 亿美元,占中国鞋类产品总出口额的 26%,居第一位;中国旅行用品及箱包出口美国 59.5 亿美元,占中国旅行用品及箱包总出口额的 22.3%,居第一位。

另一方面,美国是中国原料皮最大的供应国,以生皮为例,2017年中国从美国进口的生皮金额为9.2亿美金,占进口总额的41.7%,居第一位,而排在第二位的澳大利亚占比为22.7%。

2023年上半年,美国制革商、贸易商和屠宰商共出口牛皮1450万张,其出口收入为5.654亿美元。出口到中国的盐湿牛皮数量出现较大幅度增加,美国出口到中国的盐湿牛皮超过830万张,同比增长8%。

2. 巴西

巴西是世界上的牧牛大国之一,由于饲养量庞大,巴西也是世界上皮革生产大国之一。

巴西鞋类和皮革制品出口的10个主要目的国中有6个在拉丁美洲,其他重要的目的国是美国和中国。2021年6月份巴西生皮、半成品革和成品革出口总额为1.19亿美元,比2020年同期的4840万美元增长了146.1%。比2021年5月的1.193亿美元低0.2%。

巴西有310家皮革厂,每年会产生4500万张皮,从业人员大概有4万人。巴西制革工业中心是巴西皮革业唯一的一个全国性组织,有60个会员,这些会员占到巴西皮革产量的80%。巴西皮革厂大约有13%的皮革厂生产的是蓝湿皮,18%生产坯革,另外69%生产成品革。

从销售情况来看,巴西约有75%的皮革出口到90个国家,每年的收入是30亿美金,其中55%的收入来自成品革,31.5%来自蓝湿皮。综合巴西当地媒体的报道,根据巴西地理与统计研究所(IBGE)的数据,巴西拥有超过2.14亿头牛,已超过全国人口数量总和。

在巴西,牛皮主要用于制鞋业、纺织工业、家具制造业和汽车用品制造业,而大部分皮革用于出口。数据显示,2020年前9个月,中国是巴西皮革最主要的买家,占巴西皮革出口总面积的34.3%,其次为意大利(18.8%)和美国(9.2%)。2023年全年巴西皮革共出口1.589亿平方米,相当于430.6万吨,销往81个国家和地区,其中中国(包括香港特区)占比最高,达31.5%,其次是美国、意大利。按皮革种类分类计算,成品占51.9%、胚革占12.4%、蓝湿革占25.4%、蓝湿刨层革占9.3%、盐湿皮占1.1%。

巴西的皮革项目受到巴西贸易和投资促进局的大力支持,巴西制革工业中心一直致力于促进巴西皮革可持续发展认证,这个认证受到了巴西技术标准协会的支持,它是基于三个可持续发展要素进行的,也就是环境、社会和经济的认证。

这个项目主要目的就是要让巴西的制革厂能够明确各项要求和规定,以此来加强巴西的皮革业,保证其以更高的质量出口到世界各国。认证水平总共有4级,首先是铜牌认证,是指至少要达到50%的指标,银牌认证需要至少达到75%的指标,金牌认证需要至少达到90%的指标,以及钻石认证需要达到100%的指标。巴西制革协会强调称,2024年巴西皮革行业制定了可持续发展的投资目标。巴西制革行业未来的重点是重视可持续性研究,在整个制革供应链的共同努力下,改善流程和合规性。

3. 阿根廷、乌拉圭和巴拉圭

巴西、阿根廷、乌拉圭和巴拉圭于1991年缔结了南美共同市场协定。这个南美共同市场为自由经济贸易区,对来自海外85%的产品征收的关税统一降为0~20%,当地皮革行业呈现出了巨大的发展潜力。阿根廷、巴拉圭、乌拉圭和意大利、法国、西班牙之间为此制订了"皮革三角合作"计划，以促进几个国家皮革产业的发展。

阿根廷制革工业始于16世纪，当时西班牙殖民者带来了欧洲牛种和制革技术。多年来，阿根廷制革工业一直是全球皮革行业的重要力量。阿根廷与欧洲有很深的血缘联系，其96%的居民来自欧洲。自欧洲进口的成品革，其原皮主要来自阿根廷。阿根廷的原皮特点由阿根廷温带气候决定，其牛品种为欧洲牛种，存栏量年均5000万头。由于绝大多数屠宰牛为2~3岁的肉牛，且为机械剥皮，因此原皮缺陷少，质量优。

乌拉圭的制革行业是当地最古老的行业之一，主要以真皮鞋类为主。此外，小型提包、行李箱和皮夹也是他们的生产项目之一。该国的皮革服装产量很大，品种众多，主要销往德国。

巴拉圭每年加工120万张皮，该国主要采用植物鞣制来生产大底用皮革，产品质量和产量都很高。

2.4.3 非洲的皮革产业发展

非洲拥有庞大的牲畜资源，这为皮革行业提供了显著的竞争优势。据统计，非洲的牛群数量约占全球的15%，并且2012年至2022年，这一比例增长了约四分之一，增速超过了全球牛群的平均水平。此外，非洲还拥有全球约25%的绵羊和山羊。这些丰富的牲畜资源使得非洲成为皮革行业的重要中心，为全球皮革及其制品提供了大量原材料。

1. 埃塞俄比亚

埃塞俄比亚作为一个畜牧业大国，其适牧地占国土面积的一半以上，拥有非洲最大的牲畜种群，为皮革行业提供了丰富的原料皮资源。国内外众多企业投身于皮革产业链中，皮革行业具有的巨大的出口潜力，能够创造大量就业机会，其为埃塞俄比亚的整体经济作出了重要贡献，产值约占国内生产总值的五分之一，并为国家创造了大量外汇。

埃塞俄比亚的皮革业起源于20世纪初，当时的Asko制革厂是埃塞俄比亚首家制革厂，如今该厂已改名为Tikur Abay制鞋厂。自20世纪中叶以来，埃塞俄比亚政府开始重视制革业的发展，并通过与国际先进制革技术的交流合作，显著提升了国家的制革技术，经过百年的发展，现已成为非洲皮革生产和出口的重要基地。2013年，中埃两国签署了共建皮革技术联合实验室的谅解备忘录。2017年底，中方援建的联合实验室正式落成，通过对废水进行综合处理，有效减少了皮革工业发展带来的污染。此后，双方在原有联合实验室的基础上又建立了新的实验室，并共同承担了非洲皮革绿色制造相关技术研究项目，进一步降低了皮革加工过程对环境的影响。

埃塞俄比亚生产的皮革产品主要以绵羊皮和山羊皮为主，其中绵羊皮以其卓越的质量在国际市场上享有盛誉，被誉为世界最高品质的羊皮，常用于制作高品质的手套革。相比之下，山羊皮则更多地被用于制作服装和鞋靴的绒面革。在国际市场上，这两种皮革分别被称为"巴蒂真皮"和"塞拉利真皮"。

埃塞俄比亚的皮革产品种类繁多，包括皮鞋、皮包、皮手套、半成品和成品皮革等。这些产品主要面向中国、印度、美国和意大利等市场。据埃塞俄比亚皮革和皮革制品行业研究和发展中心的数据,该行业在 2023 年的后九个月创造了约 2340 万美元的出口收入,其中皮革厂的出口额最高,达到了 1500 万美元,其他如皮手套厂、皮包厂和鞋厂也取得了不错的出口业绩。

为了进一步提升皮革行业的发展,埃塞俄比亚政府已经将其列为优先发展的领域之一,并制定了全面的短期、中期和长期皮革产业发展战略。这些战略旨在扩大当地市场、替代进口化学品、增加皮革产品的出口,并包括增加皮革生产用盐的供应、为皮革生产商提供培训以及鼓励恢复关闭的制革厂等内容。通过这些措施,埃塞俄比亚希望皮革行业能够发挥更大的作用,推动国家经济的持续增长。

2. 尼日利亚

尼日利亚是非洲主要的畜牧业养殖国家之一,皮革及其制品被尼日利亚出口促进会列为替代石油出口的十大产品之一。皮革行业为超过 75 万人提供了就业机会,其中制革和皮革制品生产以及时尚业提供了大量就业机会。根据世界粮农组织(Food and Agricultural Organization of the United Nations)的数据显示,尼日利亚的畜牧业牲畜供应量在近 20 年来稳定增长,主要是山羊,其次是绵羊和牛,尼日利亚也是全球时尚设计界最好和最大需求的材料之一的红色索科托(Red Sokoto)山羊皮的故乡。

尼日利亚的皮革行业可以分为工业部门(约占出口的 90%)和传统/手工部门(约占出口的 10%),参与者包括农民、生产商、加工商、当地采购代理和服务提供商。大多数皮革生产和加工都在尼日利亚一些较贫困的州进行,生皮和皮带主要产于北部各州,皮革行业的活动和销售极大地支持了这些地区的减贫工作。

如今,尼日利亚的半成品和成品皮革在意大利、西班牙、印度、南亚和中国拥有最大的客户群。尼日利亚绵羊和羔羊的皮革主要出口到亚洲市场,而加工过的山羊皮主要出口到欧洲。意大利和西班牙是尼日利亚皮革的最大出口目的地,占尼日利亚皮革总出口的 71% 以上,而绵羊和羔羊皮革在亚洲国家(中国、印度)的出口额较大。据尼日利亚经济峰会集团(NESG)开展的一项研究预测,尼日利亚皮革行业有潜力到 2025 年创造超过 10 亿美元的收入。其皮革价值链包括畜牧业、制革业、皮革制品生产和营销。

近年来,尼日利亚政府及相关利益方充分认识到皮革行业蕴藏的巨大潜力,并开始采取实际行动以推动该行业的复兴。这些努力主要集中在基础设施的建设、技能提升以及促进皮革产业链的价值增加。例如,举办了拉各斯皮革展,为皮革设计师提供了一个展示专业水平的平台,既有资深设计师也有新锐设计师在此展示他们的作品,这些设计作品得到了尼日利亚及非洲皮革行业的广泛认可。2023 年的皮革展主题为"保持领先:创造力、合作和承诺",旨在鼓励可持续的尼日利亚制造,并在全球范围内推广其可持续皮革产品。此外,尼日利亚皮革科学和技术研究所(NILEST)在尼日利亚的六个地理政治区域建立了九个推广中心,这是政府推动和促进该国皮革市场发展的重要举措之一。

非洲的皮革和制革行业经历了一个从史前时期到现代的漫长发展过程。尽管面临一定的挑战,但由于其丰富的牲畜资源,该行业的潜力仍然巨大。随着技术的不断进步和国际合作的深化,非洲有望在全球皮革产业中占据更加显著的地位。

第 3 章 皮革加工技术

3.1 常规皮革加工技术

皮革是指经脱毛和鞣制等物理、化学加工所得到的已经变性、不易腐烂的动物皮，再经修饰和整理，即为成革，简称革。皮革是人类历史上出现最早的文化产物之一，皮革的发展史几乎与人类的发展史等长。远古人类通过打猎获得兽类，利用尖状石器剥取兽皮，用以御寒，后又用以护脚、装饰、构造帐篷。在使用过程中，人们发现生皮易腐败，干皮变硬，于是就设法提高兽皮的舒适性，制革工业在人类长期的实践和揣摩中诞生了，并随着人类文明的进步不断发展壮大。

我国制革生产过程一般分为准备、鞣制、整饰三大工段。准备工段是将原料皮变为适合鞣制状态的裸皮；鞣制工段是将裸皮变成革，生皮在这一阶段将发生质的变化；整饰工段则是使革在外观和性能上达到使用要求。

3.1.1 准备工段

鞣前准备工段是制革的基础，对成革的质量性能至关重要。准备工段的主要步骤包括生皮的组批、浸水、脱脂、脱毛、浸灰、脱灰、软化及浸酸，其目的主要体现在：恢复鲜皮状态、除去毛、脂质和纤维间质等无用成分、松散胶原纤维、调节 pH 等，此工段将原料皮加工成适合于鞣制状态的裸皮，为后续鞣制工段做好充足准备。

1. 组批

组批是指根据原料皮的情况进行分类以便后续操作的过程。所进购的原料皮，在张与张之间存在张幅、薄厚、伤残程度等方面的差异。如果以同一条件一次性投产，很难保证每张皮的质量，有些较薄的皮可能会处理过重，引起松面；有些皮可能会处理过轻，皮面僵硬，引起裂面。为了使原始条件不同的每张皮得到相对应合适的加工，以得到质量均匀的成革，应在加工前根据原料皮的状况进行分类，尽量将原料皮大小、薄厚一致，路分相同，防腐方法一致，皮张存放期一致，畜龄相近的皮张组成一个生产批次，为高品质的成革加工提供最基本的保证。此外，组批时还必须考虑伤残情况、原料皮防腐状况。原料皮伤残多，有溜毛、腐烂现象的，一定要挑选出来另作处理。

2. 浸水

浸水是把原料皮投入有水、浸水助剂、防腐剂的转鼓或划槽中使原料皮回水的操作。浸水的目的是除去原料皮上污物和防腐剂,溶解皮中可溶性蛋白质,使原料皮的显微结构和含水量基本恢复至鲜皮状态。鲜皮经过防腐保存后,水分含量各不相同,纤维组织黏结程度也不一样,此外原料皮上还带有泥沙、粪便、血污、无用的纤维间质、油脂、毛、表皮组织、皮下组织、脂腺、汗腺等,这些污物在加工前期必须除去。浸水还有助于纤维水合化,松弛粘连的纤维,胶原纤维、动物毛中的角蛋白细胞,表皮也会在浸水后变得松软和柔韧。

3. 脱脂

脱脂是指使用机械和脱脂剂把皮中油脂除去的过程。脱脂的目的是除去皮下组织层中的脂肪和表皮层、真皮层中的脂肪,进一步溶解皮中可溶性蛋白,水解部分软角蛋白,削弱毛与生皮的联系以利于拔毛和脱毛操作。

毛皮成品的好坏取决于脱脂是否彻底。皮中的酯类物质主要存在于脂肪细胞和脂腺内,它的存在会影响水溶性化学材料向皮内的均匀渗透,使鞣制、复鞣、染色等工序的作用效果降低,从而影响成革的手感。

目前的脱脂方法包括机械脱脂法和化学脱脂法。机械脱脂法主要是利用去肉机去除生皮肉面的大量脂肪并使其中游离脂肪和脂腺受到机械挤压而被破坏,达到除去油脂的目的。化学脱脂法是使用脱脂剂来脱掉生皮中的脂肪,此法一般在转鼓中进行,常用的有皂化法、乳化法和酶法。

在脱脂过程中,应当脱掉脂肪,又不损伤毛皮。采用皂化法较为缓和,其原理就是利用碱与油脂生成肥皂的性能,除去皮中的油脂。若碱液过浓或利用强碱,会使毛皮的角质蛋白受到破坏,使毛失去光泽变脆。我国的皂化脱脂一般使用纯碱,它的碱性较弱,既能除去油脂对毛又无损害,反应条件温和。但配置的碱液浓度也要掌握好,浓度过低达不到脱脂的目的,使产品变硬,并留有动物原有的臭味,对下一步鞣制也会带来影响,使皮僵硬而不耐用。

4. 脱毛

脱毛是制革工序中十分重要的一步,其作用是去除皮板上的毛发,并尽可能地去除纤维间质,松散皮纤维。毛的构造可沿长度分为毛干和毛根两部分,毛干在皮外,毛根则长在皮内。毛能牢固地长于皮上,主要是以下两个作用的协同结果:一是毛囊对毛根的包裹作用,二是毛球与毛乳头紧密相连。从这一角度来说,无论何种脱毛方法,都是从破坏这两个连接方式的角度上考虑脱毛:一是将毛溶毁,二是破坏或削弱毛囊与毛根的联系,以及毛球与毛乳头的作用,再通过适当的机械作用将毛除去。相应地,这两种方法在制革中也叫做毁毛脱毛法和保毛脱毛法两大类。

毁毛法顾名思义是通过对毛和表皮的破坏来达到脱毛的目的。具体来说,化学品在一定条件下直接作用于毛和表皮,打断维持毛和表皮稳定的双硫键,破坏表面连接的稳定性,将其逐步溶解。制革中应用和研究的毁毛法主要有碱法毁毛脱毛和氧化法毁毛脱毛两类。碱法毁毛脱毛是常见的一种毁毛脱毛法,可以按照脱毛实际操作分为灰碱法、盐碱法、碱碱法等。其中灰碱法在现代制革工业中最为常见。同时,不少制革工作者对于灰碱法脱毛的机理也已经进行了深入研究。其优势是脱毛速度快,成本低廉,同时可以很好地达到制革要求的脱毛效果。但缺陷是高污染性,其脱毛过程会伴随产生大量的污染物(包括废水、废气、废渣等),使脱毛废水中的有机物含量急剧增加。废水的处理过程将变得困难,处理后会产生大量污泥,对环境造成污染,这已成为制革业持续发展的障碍。近年来,由于环保政策的日益严格,大部分制革企业均已淘汰毁毛脱毛法,使用更加环保的脱毛工艺。

为了既减少污染,又节约成本,制革工作者从很早就开始进行了大量研究工作,寻求各种取代毁毛法的保毛脱毛方法,保毛浸灰工艺就是其中的一种。具体是通过碱预处理,先打断双硫键,形成过硫化半胱氨酸和脱氢丙氨中间体,最终形成难以被还原剂破坏的羊毛硫氨酸和赖胺丙氨酸,同时毛根部分被辅助化学品所破坏。这样就产生了毛干角蛋白不被硫化物所还原的效果,而辅助化学品的存在也避免了毛根部分在分解过程中的免疫作用。之后再加入少量还原剂作用于由辅助化学品处理的毛根部分,使受免疫保护的毛干部分完整地从皮上脱下。这种完整脱下的毛可通过过滤系统被分离出来,大大降低了脱毛废水的化学需氧量,硫化物与氮化物含量。

5. 浸灰

浸灰,也称碱膨胀,是指生皮在灰碱溶液中,通过渗透和静电两种因素作用,然后进一步充水,使胶原纤维分离,松散长度缩短,生皮的厚度、弹性及透明度增加,呈现膨胀状态。浸灰的目的是除去皮内纤维间质、增大纤维空隙,以利于鞣剂渗透到生皮,同时破坏毛表皮中部分双硫键,削弱毛、表皮同真皮的联系,松散、分散生皮胶原纤维使成革丰满柔软。

制革生产中常用的浸灰材料包括石灰、烧碱和硫化钠。石灰主要用于灰碱法烂毛、复灰工序,相较于其他两种材料,石灰是三种材料中使用量最大、使用范围最广、价格最低、混合操作最简单的材料。烧碱主要用于碱法烂毛、酶脱毛工艺的烧碱膨胀,其使用量和使用范围远不如石灰。硫化钠是在碱法脱毛时必不可少的兼有烂毛和膨胀作用的材料。以上三种材料在制革生产过程中对皮处理的工艺路线不同,所选择搭配使用不同。

6. 脱灰

脱灰的目的是除去裸皮中的灰碱,以利于鞣剂的渗透结合,消除裸皮的膨胀状态,调节裸皮 pH 值,为后面软化、浸酸等工序创造条件。在传统皮革生产中使用铵盐脱灰是必不可少的一个工序,因为它能使裸皮的 pH 值缓冲在适合酶软化的 pH 值范围内,但铵盐脱灰过程中会产生氨气,脱灰液中含有大量铵盐,排放后大幅度增加废水中的铵盐含量,不符合绿色环保的要求。

近年来,铵盐脱灰已逐渐被其他更加环保的方法所取代,例如二氧化碳脱灰剂以及其他复合专用脱灰剂。在制革工厂中,工人往往在脱灰前先进行去肉或剖层等操作,这主要是因为去肉时除去了结合在油脂和肉上的大量石灰,而且将裸皮上未结合的石灰也挤压了出来,脱灰效果更好,且节省了化料用量。值得注意的是,脱灰皮应立即进入下一道工序,因为碱已被除去,腐败细菌会很快繁殖,引起裸皮发黏,使纤维结构受到损害。

7. 软化

软化是准备工段中的一个重要工序。它的目的是除去皮垢，如毛根、色素及残留的蛋白质，以避免这些物质在随后的浸酸和鞣制操作中沉积在皮的粒面上。软化能进一步松散皮的结构、改善粒面的光滑度、弹性和粒纹。在确定成革的柔软度、丰满度、弹性、透气性以及手感等方面都起着主要的作用。

柔软度是通过观察裸皮的外观和手感来判断的。柔软性好的裸皮，要求纹路表面洁白细腻，光滑如丝，手感柔软，彻底消除膨胀。用手指按压紧实部位粒面，指痕清晰，长时间不会消失。软化皮的孔隙率可以通过软化较重的薄皮来检查，即裸皮扭曲成袋状，用力挤压时颗粒表面出现很多气泡，说明胶原纤维疏松适中，柔软性好，各种皮革对柔软度有不同的要求，应由生产实践确定最合适的柔软度。

8. 浸酸

浸酸是用酸和盐处理裸皮的加工过程，目的是降低裸皮的 pH 值，使之与铬鞣液 pH 值相近，保证鞣制的顺利进行，或是防腐的需要，其次能使胶原纤维结构得到进一步松散。无机酸价格便宜，但 pH 值变化太快，使皮浸酸不均匀；有机酸价格贵，但浸酸温和。目前常用甲酸代替部分无机酸，因为甲酸有助于渗透，对鞣制有蒙囿作用，缺点是成本高。浸酸方法有多种选择，可以简化为三种。

(1) 平衡浸酸：裸皮整个断面 pH 值维持在 2~3。这种类型的浸酸对铬的碱度影响不大，铬鞣剂渗透快，但需要加入相当量的碱来中和皮中的酸，使足够的铬能够充分与皮纤维结合。

(2) 缓和浸酸：裸皮表面 pH 值为 3~3.5，内中心 pH 值为 4~6。这种情况下，铬在裸皮外层渗透迅速，结合较少；当进入 pH 值较高的中间层时，碱度变大，发生结合。这种类型的浸酸，只需加入少量的碱就可以鞣制。

(3) 短时间浸酸：仅浸酸 20~40 min 就加入铬鞣剂。在加入铬粉时，裸皮表面的 pH 值较低(pH=2.5)，而裸皮中心的 pH 值还很高，浸酸液继续在皮内渗透，被皮内残留的碱所中和，浴液的 pH 值上升，引起铬鞣剂缓慢地碱化。因此采用短时间浸酸工艺可以不必再加碱。

目前制革工业上多采用"分次加酸-缓和浸酸"的方法进行浸酸。具体操作为先加入食盐，这一步可以控制裸皮的酸膨胀，改善粒面平细度和紧实性。其次加甲酸，由于其分子小、渗透快，有缓冲作用，后加入硫酸。硫酸适用于鞣前浸酸，使用硫酸能得到柔软丰满的皮革，使皮的内外层 pH 值减小，作用缓和，不易松面；还能消除皮垢，进一步松散纤维而不至于松面；还可以脱去更多的水，使皮更大、更平；并可以去除重金属、灰斑。

9. 其他工序

裸皮浸酸之后，准备工段已基本完成。准备工段余下还要经过称重、水洗、搭马、挤水伸展、净面等一些简单的工序，为进入鞣制阶段做好准备。

严格来说，只要皮革的重量发生变化都要进行称重，只有这样才能精确各种化工原料的用量。有些地区,因为加工原料皮的品种稳定,组批后的称重经常由点张来替代,这虽然方便了操作,但是需要技术人员具备足够的经验,否则加工过程中品质标准一次失误所带来的损失和影响,整个生产过程都很难弥补和挽回。

水洗是指在制革过程中,将原皮经过酸洗、碱洗等处理后,用清水反复冲洗,使皮革表面的残留物质得以清除的过程。搭马,指将皮或革搭放于木马或竹马上的一种静置工序,具有控水、陈化、存放等作用。水洗搭马可以去除皮革表面的残留酸碱等化学物质,使皮革表面更加干净,为后续染色、鞣制等工艺提供良好的条件,同时还可以帮助皮革恢复自然的柔软度和光泽度,提高皮革的质量。

挤水伸展,主要是去除内部部分自由水,缩短干燥时间,更重要的作用是平细革的粒面,减轻脖头纹、腹纹和核桃纹等,对改善成革外观,增加成革得革率也有重要作用。

净面也称去垢,净面可用手工或净面机操作,目的是除去皮上的残存毛、表皮组织、皮垢、蛋白质降解产物及毛根等制革无用物,以使粒面干净。如不经净面,上述残留物不仅影响革的外观,还将导致染色不正、涂层不牢及粒面易脆裂等缺陷。

3.1.2 鞣制工段

通过鞣剂使生皮变成革的化学过程称为鞣制。鞣制工段是制革的主要工段,裸皮在这一阶段由皮变成革,这一阶段工艺的好坏也直接影响了成革的质量。在制革生产中,人们利用鞣剂与生皮蛋白质发生物理和化学作用,产生鞣制效应,将动物皮张制成具有一定强度、弹性、韧性、外观以及舒适手感的生物质材料,来满足人民群众日常生活的需要。

1. 铬鞣法

铬鞣法是目前制革行业中最成熟、产品质量最可靠、成本最低的鞣制方法,铬鞣过程通常采用三价铬盐或铬粉(Cr_2O_3)来进行鞣制。

铬鞣时,铬络合物具有水解和配聚作用,会生成较大的分子。常规的铬鞣液中以阳铬配位化合物的含量最多(占70%~75%),生皮胶原中带负电的羟基,能与阳铬络合物互相吸引,当它们间距合适时,电离羟基便进入络合物内界,与中心铬离子配位,生成牢固的配位键,形成单点结合。而这种单点结合的方式对提高胶原结构稳定性的作用不大,主要起填充作用。随着鞣剂反应的继续进行,铬络合物继续水解、配聚,变成多核铬络合物,与胶原羟基配位点更多,形成多点结合,产生交联缝合作用,实现生皮转变成革。

铬鞣法又分为一浴法、二浴法和变型二浴法。二浴法采用两种浴液,第一浴用重铬酸液浸透裸皮,第二浴用硫代硫酸钠还原重铬酸,生成三价碱式铬来革。一浴法是用预先配制的三价碱式铬盐直接进行鞣制,比二浴法方便而省时,是目前用得最多的鞣制方法。变型二浴法是一浴法和二浴法相结合的鞣法,目前主要用于羊服装、羊鞋面及一些猪软革的制造。

通过铬鞣法制备的皮革具有收缩温度高,粒纹清晰,身骨柔软,丰满,延伸性较大,染色和整饰性能好,透气和透水汽性能好,化学稳定性高等优点。然而该方法产生的铬盐60%~70%进入皮革,其余则直接进入废水,造成污染处理能耗加大。目前,制革工作者已经开发了许多工艺来提高铬的吸收率,包括提高铬鞣液温度、提高铬鞣后期pH值、少浴或无浴、使用高吸收铬鞣剂、增加具有交联作用的蒙囿剂用量,等等,从而降低铬的使用,减少废液中的铬含量,在不影响鞣制效果的情况下使鞣制过程更加环保。

2. 无铬鞣法

铬在某些条件下能从三价变成有致癌性的六价,成品革中六价铬含量超标的事情也屡见不鲜。因此,随着人们健康环保意识的增强和国家对重金属管控的进一步加强,无铬鞣就成了必然选择。无铬鞣法主要分为四类:植鞣、非铬金属鞣、醛鞣和非醛有机鞣,各有优缺点。

(1)植鞣。植鞣算是一种古老的鞣法,随着制革技术的发展,植鞣也能实行快速鞣法。植鞣所用的材料主要是栲胶。国内产的栲胶有杨梅、余柑、橡椀和落叶松,杨梅要多些。植鞣过程是鞣质微粒通过孔隙向皮内渗透,皮内水分子向皮外渗透,皮外鞣制微粒与皮内水发生交换的过程。实验证明,在植鞣过程中,鞣液中的非鞣质先渗入皮内,可以与皮胶原形成暂时性结合,鞣质分子随后逐步渗透入皮内,取代出非鞣质,与皮胶原持久结合。植鞣工艺:将浸酸后的皮进行称重,以增重100%作为基准,加入食盐10%,溶解后,投皮入鼓,转动20 min,加入4%亚硫酸化鱼油,常温,转动40 min,第一次加烤胶5%,转动1 h后,加入烤胶5%,转动2 h后再次加入烤胶5%,并补加皮重100%的水,转3 h,停鼓过夜。次日排液,水洗出鼓,测收缩温度。

(2)非铬金属鞣。传统的非铬金属鞣制主要是铝鞣剂、锆鞣剂及钛鞣剂等。这些非铬金属盐单独作为鞣剂使用时,由于其水解、配聚作用比铬盐更强,即使在较低pH值下也会沉积在皮革表面,在皮革中分布极不均匀,成革手感略硬。因此这些非铬金属盐一般用作铬鞣后的复鞣剂,或将这几种盐按一定比例制成多金属配合鞣剂,或将其与植物单宁或醛鞣剂等配伍用于结合鞣,以提高成革质量。

①铝鞣。铝鞣革具有坯革纯白柔软、粒面紧实细致、延伸性好等特点。在铬鞣法出现前,铝鞣广泛应用于服装革、手套革、绒面革的制造。但因不耐水洗、易退鞣、收缩温度低等缺点不宜单独使用。铝预鞣白湿皮工艺:将浸酸后的猪皮去酸,称重,以增重100%作为基准,然后用铝鞣剂进行鞣制,pH值为3.5左右,鞣剂用量(Al_2O_3计)为灰裸皮质量的0.7%,鞣制3 h,然后小苏打提碱1 h,pH值约为4.2,补热水至40℃,转2 h,测收缩温度为75℃左右。出鼓、搭马、过夜、挤水、摔软、伸展、片皮和削匀。

②锆鞣。锆鞣所得坯革具有粒面洁白、填充性好、粒面紧实、耐磨性好、储藏性好、耐汗防霉等优点,但身骨板硬,吸水性较强。锆鞣白色山羊里革工艺:将浸酸后的皮进行称重,以增重100%作为基准,水120%、甲酸1%、乙酸1%、食盐4%、转动30 min,放入已浸酸削匀、称重后的山羊裸皮,倒入折合氧化锆4.5%左右的锆鞣剂,再转40 min,停鼓结合,每小时转20 min,总时间6 h,然后再用2.8%碳酸钠和1.5%乙酸钠的混合液缓慢提碱到pH值为3.5,出鼓搭马,静置一天。

③钛鞣。钛鞣革色白柔软、革身紧实、纵向与横向的伸长率相仿,并有填充性好、耐光、耐酸、耐汗、耐水洗、遇水不脱鞣、收缩温度高等优点。但钛鞣剂稳定性差,易发生水解聚合。鞣制工艺:将浸酸后的皮进行称重,以增重100%作为基准,10%食盐,转动10 min,加入皮,

加甲酸调至 pH 值约为 2,转动 30 min,查 pH 值;1.0%亚硫酸化鱼油,转动 20 min,3.0%钛鞣剂(以氧化物计),转动 2 h;0.8%柠檬酸三钠,转动 15 min,提碱:6%小苏打(1∶10),分 4 次加入,共 1 h 完成提碱,检查使 pH 值约为 4;静置过夜,次晨转 15 min,测收缩温度。水洗出鼓,搭马静置 24 h。

(3)醛鞣。醛鞣是有机鞣的典型代表,主要的鞣剂是戊二醛和有机膦盐。戊二醛鞣革色黄,皮坯阳电荷少,后续的复鞣染整材料吸收利用率不高。不过,利用其鞣革阳电荷少的特性,作为植鞣的预鞣剂却是很好的选择,这样栲胶的用量少,渗透也快。改性戊二醛能够克服戊二醛鞣革色黄的问题,1973 年德国就有专利介绍其合成方法,但甲醛要过量很多,产品中游离甲醛含量高。

鞣革中用的有机膦盐主要是四羟甲基硫酸膦,鞣制条件温和,在弱酸性条件下就有较好的鞣性,收缩温度可达 80℃以上,鞣革色白。有机膦盐在鞣制过程中要自然氧化并释放甲醛才能产生鞣性,因此白湿皮中含有较多的游离甲醛,但这些甲醛比较好除去,一般能达到限量要求。有机膦盐鞣革紧实,阳电荷也不高,但比戊二醛高,所以皮坯相对好填充些。有机膦盐是水处理行业的广谱杀菌剂,其价格不高,有专门的厂家生产,因此其鞣制成本并不高。但随着环保要求的提高,含有机膦的废水需要处理后才能排放,这样费用就比较高了。

皮革科技工作者对醛鞣的研究远不止如此,有文献报道的还有三聚氰胺树脂鞣剂、脲醛树脂鞣剂、脲环树脂鞣剂以及各式各样的噁唑烷鞣剂,鞣革收缩温度也高,但游离甲醛就不好控制了,这些鞣剂基本上相当于甲醛衍生物的一种存在形式,是通过释放游离甲醛来产生鞣性的。TWS 鞣剂是一种典型的多官能团的醛类鞣剂,通过醛基与皮坯上的氨基反应达到使皮坯变性、纤维分散和耐湿热稳定性提升的目的。应用表明,TWS 鞣制的白湿革等电点(pH=5 左右)较其他醛鞣革高,有利于后续材料的吸收,成品革更加丰满紧实、富有弹性,在综合性能上最接近铬鞣革。TWS 在对绵羊皮服装毛革、绵羊皮鞋面毛革、羊剪绒、兔皮、狐狸皮、貉子皮等不同类型的毛皮的鞣制应用效果,也得到了业内好评。

为更系统、全面地了解醛鞣剂的鞣制特性,以小分子生物基醛鞣剂(S-BAT)为研究对象并将其用于浸酸牛皮鞣制。具体工艺如下:称取一定质量的浸酸牛皮,增重至 200%,并以此作为材料用量基准。首先,向转鼓中加入一定量的 S-BAT(鞣剂用量:2%、4%、6%、8%和 10%,以液体质量计)和 6%的氯化钠,控制液比为 0.8,转动 5 min 使氯化钠充分溶解,然后投皮。于常温下转动一定时间(预渗透时间)后,分次加入一定量的碳酸氢钠提碱至一定 pH 值,然后升温至 40℃,继续转动一定时间,控水,水洗(水量为皮重的 4 倍)5 min 后出皮,取样测定鞣制白湿革的收缩温度并评价其白度。

(4)非醛有机鞣。非醛有机鞣是近几年才应用于制革的新鞣法,常见的是"科莱恩"的 F-90 体系,有所耳闻的还有"朗盛"的 X-TAN 体系。根据其公开的专利,这类鞣剂主要与胶原纤维上的氨基反应,不可避免地也与水反应。所以,它们一般用量大、鞣制收缩温度也不高,纤维的分散程度也不够。通过鞣制机理,可以推断其鞣制的白湿皮阳电荷少,比戊二醛还要少,皮坯对后续复鞣染整化料的吸收有影响,成革性能会不尽如人意,但鞣制过程不会产生游离甲醛。以 Cranofin F-90 为研究对象,并将其用于牛皮鞣制,Cranofin F-90 简易白鞣标准工如下。首先将黄牛皮片过灰皮进行水洗:100%水,25℃,转动10 min排水;预脱灰:100%水,30℃,0.1%脱脂剂,0.1%聚磷酸盐,0.3%无铵脱灰剂,60 min,pH值8.2;水洗:300%水,35℃,10 min排水;脱灰软化:50%水,35℃,0.7%~1%无铵脱灰剂,0.1%脱脂剂,60 min,pH=7.0~8.5,酚酞检查无色,0.5%Bate PB1软化酶40 min;水洗:300%水,35℃,10 min排水,300%水,40℃,10 min排水;鞣制:9% Cranofin F-90,升温至44℃,转动10 h,排水;水洗:150%水,25℃,0.1%防霉剂,20 min排水,测收缩温度,出鼓搭马静置。

铬鞣需要浸酸,浸酸pH值控制在2.5~3.5,才能加入铬鞣剂,Cranofin F-90鞣制工艺不需要浸酸,在脱灰软化后的pH值条件下可以直接加入Cranofin F-90进行鞣制,这样不但省去了浸酸的时间,还可以减少食盐的用量;铬鞣需要提碱操作,使用小苏打或者氧化镁,使pH值逐渐提高到3.8~4.2,Cranofin F-90鞣制过程中无需提碱,保持40℃左右的温度转动10 h,即可完成鞣制过程,使全自动化操作成为可能;铬鞣后期需要补加100%~150%的热水提温,使温度达到40℃左右,Cranofin F-90鞣制工序不需要提温,节约了用水,用水量减少50%,废液干净、无色,不含铬鞣剂等金属,降低了废水处理成本。

3.1.3 整饰工段

整饰工段分为鞣后湿加工工段及干燥整饰工段。湿加工工段的主要工艺有削匀、复鞣、中和、染色、加脂。干燥整饰工段的主要工艺有干燥和涂饰。整饰工段是制革的最后一个工段,鞣后的革根据市场和销售需求,在整饰工段进行加工,以提高其商业价值。

1. 削匀

削匀是决定成品革厚度和均匀度最有效的工艺。根据经验法则,削匀皮革的厚度与成品皮革的厚度一致,可以满足成品皮革的要求。削匀时应注意将含水量控制在40%~45%。如果含水量过高,皮革厚度难以确定,容易发生跳刀和切刀。如果含水量低,叠放的皮边容易风干,不易软化。但要注意削匀结束的革的放置时间不宜过长。削匀后进行修边,称重,作为后续工序的投料依据。

2. 复鞣

复鞣的主要目的是进一步提高铬鞣程度,弥补初鞣的不足,起到强化铬鞣革的作用,增强革中铬的结合量,以便于染料、加脂剂的结合。复鞣是鞣革后湿处理的关键工序,复鞣可以提高皮革的外观质量和性能,如提高皮革的柔软度、丰满度、耐湿热性、染色均匀性、耐磨性和压花成形性等。复鞣应该保证赋予革的多种性能,选用性能优良的复鞣材料合理搭配。

复鞣剂可根据材料的不同性质进行分类。目前比较常见的复鞣剂有无机复鞣剂、辅助型合成鞣剂、树脂型鞣剂、栲胶等。

3. 中和

中和的主要目的是降低革的正电性,除去与胶原结合的酸和与铬鞣剂结合的酸,减少阴离子鞣剂的固定,适当提高胚革的pH值,以利于单宁、染料、油脂的渗透。

4. 染色

染色是制革生产中的重要工序,它在增加革制品的花色品种,满足人们对各种色泽的喜爱，使革制品颜色紧随气候变化，紧跟流行色的变化上起了重大作用。同时，通过染色可以在一定程度上改善成革的外观质量，提高成革的使用性能。

染色时要注意液比、温度、pH 值、匀染剂、固色剂等条件的控制。一般低温、小液比、高 pH 值，加匀染剂有利于染料的均匀渗透；高温、大液比、低 pH 值，加固色剂有利于染料的结合。染色对染料的要求：一般情况下，染料应有鲜艳的色泽，切实可行的染色或着色方法，一定的染色坚牢度，对人体和环境不造成危害。

皮革工业上常用的染料还可以按应用分类为酸性染料、直接染料、碱性染料、金属络合染料、活性染料、氧化染料、硫化染料、媒染染料、还原染料、分散染料、油溶与醇溶性染料等十多种，皮革染色主要应用上述前五种。皮革染料也可以按照染料的化学结构分为偶氮染料、硝基和亚硝基染料、蒽醌染料等。金属络合染料近年来在皮革工业上的应用越来越广泛，被称作皮革专用染料。目前金属络合染料已涉及除还原染料和阳离子染料之外的整个染料领域，其中偶氮型最多也最重要。金属络合染料一般根据金属离子与母体染料的关系分为 1∶1 和 1∶2 两种。其中，1∶1 金属络合染料是指金属离子与染料分子形成的络合染料。因为这类染料需要在强酸性介质（pH 值小于 2.5）中染色，所以也称为酸性金属络合染料。用于给羊毛、丝绸和毛皮着色，主要用作皮革涂饰的着色材料。1∶2 型金属络合染料是指由一种金属离子和两种染料分子形成的络合染料。因为染色通常在接近中性的介质中进行，所以通常被称为中性染料。一部分 1∶2 染料常用于皮革涂饰染料，其特点是着色快，尤其是表面染色，遮盖力强。喷雾染色可以加入少量表面活性剂，帮助染色均匀。具有良好的耐水、耐汗、耐摩擦、耐光牢度。它也可以组合使用于结合鞣革和植物鞣革的染色。

5. 加脂

除去油脂的裸皮鞣制成的革，在干燥时由于纤维间缺乏适当的润滑，使纤维彼此互相黏接起来，导致革身变硬，不耐弯折，粒面易折裂，达不到成革对手感和物理性能的要求。加脂可以使加脂剂中的有效物分布于胶原纤维表面，对胶原纤维起到隔离、分散和润滑的作用，防止皮革在干燥时因革纤维彼此黏结而变硬；也可以提高皮革的延伸性和抗张强度，使之耐弯曲性和韧性增加，穿用舒适性明显改善，耐用性提高；并且能够增加成革的光泽，提高皮革粒面的滋润感（如油感、蜡感），还可赋予绒面良好的丝光感。

皮革生产过程中加脂一般采用的是乳液加脂。乳液加脂剂包括油成分、乳化成分和其他成分。目前的加脂剂分类普遍按照乳化成分的电荷性能差异分为阴离子型加脂剂、阳离子型加脂剂、两性离子型加脂剂和非离子型加脂剂四类。也可以按照油成分或作用性能进行分类。

6. 干燥

经过染色加油的革通过挤水伸展来降低水分含量，以达到成革对水分的要求，同时在干燥机械作用下，固定皮革纤维的编织状态，使皮革最后定型，也便于以后的整理加工和涂饰。

绷板干燥、真空干燥和挂晾干燥是目前比较常用的干燥方法。要获得特别柔软、丰满的坯革，采用挂晾干燥至全干再回潮的办法最有效。真空干燥特别适于全粒面革的加工，因为其革面平整细致，而全粒面软革在真空预干燥后再挂晾干燥到完全干，能够得到所需的最好的手感。细致、平滑的粒面,有利于涂饰。绷板干燥能够使皮张得到充分伸展,增大皮革的面积,同时也会使革身内的部分纤维被打断,使成革较松软。

7. 涂饰

涂饰是将成膜剂、着色剂、添加剂等分散于水或有机溶剂中配成浆状混合物(涂饰剂),通过揩、刷、喷、淋或辊印的方式将其涂于干坯革表面,经过干燥,使其在革面上形成一层均匀薄膜的过程。皮革涂饰所追求的目标是要在提高皮革使用性能、美观性能和产品档次的前提下,突出天然皮革的真皮感。即保持革身丰满性、柔软性、有弹性的手感,突出革面(粒纹)自然舒适的观感,最大限度保持天然皮革的卫生性能。

涂饰的目的可以概括为三点。

(1)提高革的使用性能:未涂饰的革易染上污物、防水性差。

(2)涂饰是一种相当于在革表面覆盖一层保护膜的工序。涂饰得到的"保护膜"具有一定的耐干湿擦性,同时耐溶剂性及防水性强,不易沾污,易清洁保养,从而可提高革的使用性能。

(3)提高革的美观性:在涂饰剂中加入着色剂,形成的涂层具有一定的色彩,也可通过变换着色剂和涂饰方法生产出各种花色的革;适当遮盖革面的伤残和缺陷,提高产品档次。

皮革的品种和用途不同,涂饰的材料和方法也不同。不同整理材料和工艺的应用也可以创造新的皮革品种,提高皮革的利用率。皮革涂饰剂的主要成分有成膜剂、着色剂、光亮剂、固色剂、手感剂等。整理溶剂有两种:水和有机溶剂。整理级别一般依次分为底、中、顶。

3.2 特种皮革的加工技术

3.2.1 鱼 皮

综观皮革历史,制革工业主要以"猪、牛、羊"三大皮为主要的原料皮资源,生产各种各样的皮革及其制品。但随着社会发展和人民生活水平的提高,消费者对皮革的要求不仅仅局限于常规的猪、牛、羊皮革,单调的皮源限制了皮革制品档次的提高。在领导皮革时尚的意大利、法国等地,鱼皮、鳄鱼皮、鸵鸟皮制品已成为消费者的新宠。在猪皮制革举步维艰,牛皮、羊皮制革市场竞争日益激烈的今天,开发新产品,提高产品的附加值,另寻出路已势在必行。

鱼皮是独特而漂亮的皮革种类之一。鱼皮属细杂皮类中的一种优异的特种皮革,是制造高档皮革的重要原料,经过加工而制成的革不仅具有其他动物皮革的物理性能,还具有其独特的自然、美丽的外观和花纹,人工难以模仿。用其制作的腰带、领带、箱包、票夹、皮革装饰品等都是高档消费品,不仅具有使用价值,而且具有艺术价值。近年来,开发和利用鱼皮资源,将其作为工业化的制革原料,已引起世界各国的重视,其革制品在国际市场上非常流行。我国鱼皮革及其制品还没有形成批量生产。随着我国鱼类养殖的逐年增加和鱼类水产品深加工的迅速发展,作为副产品的鱼皮也会越来越多,从而确保了鱼皮制革原料的稳定,为我国鱼皮制革规模发展提供了契机。

1. 鱼皮的结构

鱼皮组织结构包括以下各部分：鳞衣、鳞片、粒面层、网状层、皮下组织。鳞衣内嵌有较大的鳞片，鳞片去除后，鳞衣上端会与皮面分开，下端依然同皮粒面层连接，形成网状排列的蜂窝状外观。组织切片观察鳞衣内有较多的脂肪，粒面层脂肪含量相对较少，因此制革加工中应适当进行脱脂处理。鳞衣表面尤其是鳞衣末端有色素。鳞衣颜色以背脊线部位最深，腹底线上的鳞衣和粒面层上几乎无色素，近似白色。所以制革中应注意脱色处理，使整张皮着色均匀一致。鱼皮粒面层较薄，粒面细致，大部分粒面为鳞衣所遮盖，粒面层胶原纤维细，编织紧密。网状层胶原纤维为明显的层状编织，无织角；水平方向上则为斜交叉编织，不同部位的纤维编织形式有所不同，背脊线和腹底线部位的纤维编织紧密，纤维束较细，腹部的胶原纤维略粗但编织疏松。同时头部纤维编织疏松，尾部纤维编织较紧密。制革中应注意缩小部位差，增大鱼皮的利用率。真皮之下有组织疏松的细纤维将皮固定于鱼身，此层相当于皮下组织。由于鱼皮整个皮张非常薄，需选择增厚效果好的复鞣剂使其增厚。

2. 鱼皮的加工技术

(1) 鱼皮复鞣。按照同一工艺生产出来的鱼皮蓝湿革，只具有铬鞣革的基本性能，要将其加工成性能和风格不同的成品革则需采取不同的复鞣和整饰方法。其中复鞣工序是在鱼皮蓝湿革基本性能基础上赋予成品革不同性能特点和风格的最主要的工序，因此也称为制革生产过程中的"点金术"。

①复鞣方法的影响。铬、铝复鞣可以增加蓝湿革中铬的结合量，增强革的正电性，从而提高革对阴离子复鞣剂、染料、加脂剂等材料的吸收与结合能力，还可以强化铬鞣革柔软、丰满、弹性好的特点，使粒面平细，颜色饱满、鲜艳，但其对革的填充作用不强，增厚不明显，特别是对松软的腹肷部填充作用较差。因此，复鞣方法的选择尤为重要。

(a) 通过在铬复鞣时与各种阴离子复鞣剂、填充剂结合起来，可以有效解决鱼皮填充不明显的问题，同时也能提高手感与增厚率。

(b) 通过在铬复鞣前先用聚氨酯类或聚丙烯酸类铬鞣助剂对蓝湿革进行预处理，然后进行铬复鞣，这时铬除了与胶原的羧基配位外，还可与这些聚合物上的羧基配位，形成分子较大的铬与聚合物的配位体，填充并绞缠在胶原纤维间，对革的手感和物理性能产生影响，而对胶原结构稳定性的提高作用不大。由于这些聚合物在革的松软部位吸收较多，在紧实部位吸收较少，那么就会使铬在松软部位结合得较多，在紧实部位结合得较少。使革增厚明显，特别是使松软部位紧实起来。

以上两种方法均可有效地解决成革的填充作用不强、增厚不明显等问题。复鞣前对复鞣方法的选择会直接影响到成革的品质，因此，对复鞣方法的选择至关重要。

②中和 pH 值的影响。中和时一般采用弱碱性材料，如小苏打、甲酸钠、醋酸钠等，另外还有中和性复鞣剂。小苏打渗透性能好，但中和后的革从外到内有一定的 pH 阶梯，外层高，内层低。当用量过大时，有可能使革中铬络合物碱度明显增加，使革身变硬，弹性降低，粒面变粗。所以最好与具有缓冲作用的中和复鞣剂或甲酸钠等搭配使用。而甲酸钠等羧酸

盐中和作用温和,并且在 pH 值为 5.0 左右时形成缓冲系统,使革整个厚度接近缓冲值。甲酸钠还能与铬形成配位,所以也不能用量过大,使铬络合物几乎完全被蒙闭,严重减弱铬与其他阴离子材料的结合。中和性复鞣剂自身能和铬作用,具有温和的鞣性,它能俘获革中的 H^+,使革的 pH 值提高,同时使自身的鞣性增强。中和后也可不用水洗,革也不会变硬。

中和时,溶液的 pH 值直接影响阴离子性复鞣剂的收敛性,在大液比下,这种影响更为显著。一般随 pH 值的升高,收敛性减弱,但渗透能力增加,不会造成鞣剂在革的表面过多聚集。而 pH 值降低,则收敛性增大,结合能力增加,对于阳离子复鞣剂则刚好相反。对于铬鞣革,其等电点为 pH=6~7,中和 pH 值接近或等于等电点时,阴离子复鞣剂与革身的电位差小,反应就慢,在机械作用下,能很好地渗透到革身内部;而如果中和 pH 值和等电点相差较大时,阴离子复鞣剂与革本身电位差大,反应就快,而使大部分复鞣剂沉积在表面,造成粗面等问题。在这样的条件下,如果是先加收敛性比较大的栲胶,还容易造成裂面;同时大量栲胶沉积于表面,还将阻塞其他复鞣材料的渗入,革身将比较空松。如果先用聚氨酯和丙烯酸复鞣来降低成革本身的正电性,将会使后期栲胶更易渗透,在内层形成支撑,可有效提高成革的增厚率和手感。

另外一个重要的方面就是中和的程度。中和程度一般用溴甲酚绿来检查。中和所需进行的程度是由成革的要求所决定的。对一般鞋面革,因其不要求非常柔软,加油无须深入,有的染色可以只表染,所以中和程度可以小一些。而软面革、服装革等要求染色、加油深入,中和程度则要大一些。而对于鱼皮来说,粒面纤维细而紧密,纤维平行交织,可以说是一层一层累积出来的,形似石墨的层状结构,这给复鞣剂渗入革粒面下层造成很大困难,所以深度中和,有效地打开粒面纤维是一个好办法,甚至可以中和过夜,效果更佳。虽然高 pH 值的深度中和能较好地解决渗透问题,但吸收率太低,从而导致结合量少,会造成大量的复鞣剂浪费,所以需要考虑复鞣剂吸收率的问题。

③复鞣温度、液比的影响。无论使用何种复鞣剂,升高温度都会加速它们与胶原的结合。当温度过高时,收敛性较为强烈,从而导致复鞣剂向革内的扩散能力变差,造成粗面等缺陷。当温度较低时,渗透会更深入、更均匀,但复鞣剂的吸收率下降,这就需要增加复鞣时间,且复鞣温度一般为 30~45 ℃,具体需要根据革的品种要求、复鞣材料的性能而定。

复鞣时,液比小,复鞣剂的浓度高,机械作用强,有利于快速渗透,使复鞣剂吸收得既均匀又完全,避免在表面结合过多而造成粗面或皱面。对松软部位的填充作用也更显著,有利于改善松面和减小部位差。

为解决鱼皮空松的问题,先要解决的是渗透问题,首先应使鱼皮在低温、小液比下进行充分渗透,后期使鱼皮在高温、大液比条件下以增加复鞣剂的结合量。

④复鞣剂种类及加入方法的影响。复鞣时复鞣剂的选择及加入方法对革的风格影响甚大。

(a)代替型合成鞣剂。采用代替型合成鞣剂复鞣铬鞣革时,酚羟基、磺酸基还可以进入已和胶原结合的铬络合物内部进行配位,使得与胶原结合的铬进一步得到蒙闭,正电性降低,从而使革的成型性提高。由于代替型合成鞣剂的分子量比植物鞣剂分子量小得多,在革内的分散程度高，分布均匀且能进入胶原纤维的细微结构中，因此用其复鞣的铬鞣革柔软、粒面细致。在复鞣时，单独使用其填充能力弱，主要是和植物鞣剂和树脂鞣剂一起使用，或在此之前加入，以利于植物鞣剂及树脂鞣剂的分散，以免它们在革的表面沉积过多，带来不利影响。

(b)聚合物复鞣剂。聚合物鞣剂的一个共同点就是分子中含有一定量的羧基，分子质量分布范围宽，水溶性好，且大多数产品对天然胶原纤维的亲和性很小，对铬及其他矿物鞣剂的亲和性较强，能通过胶原上铬络合物固定在革纤维上。

在中和前采用聚合物复鞣剂复鞣时，一般是将聚合物与铬配合使用。这样复鞣的革要比单独用铬复鞣的革丰满、粒面紧实，松软部位填充效果好。并且聚合物可以实现铬的高吸收。加入的聚合物复鞣剂，可在革中与结合在胶原上铬以及未结合的铬发生络合，在革中形成"聚合物-铬-胶原"的网络结构及互穿胶原的"聚合物-铬-聚合物"网状结构，从而使革的稳定性、丰满性等提高。由于结合在胶原上的铬与聚合物的配位要比未结合的铬与聚合物的配位慢，因此，在复鞣过程中主要是复鞣时加入的铬与聚合物配位结合。这些聚合物与铬配位的能力随复鞣pH值的升高而增强。与铬的配位能力也与聚合物分子大小有关：相对分子质量低的络合能力强；相对分子质量大的由于受到空间阻碍的影响，络合能力相对要弱。分子越大，羧基越不容易接近铬，络合能力越差。复鞣时可先加铬复鞣，然后加聚合物，也可先加聚合物，然后再铬复鞣。不过这两种方式复鞣的效果存在一些差异：前者要比后者复鞣的革坚实，粒面细致。

在中和后采用聚合物复鞣剂复鞣时，一般是在植物鞣剂、合成鞣剂等阴离子复鞣剂复鞣前或后进行。单就聚合物复鞣剂自身而言，复鞣时，聚合物首先被革面快速吸收，在革面吸收饱和后便向内部渗透。渗透过程中革面吸收得多，内部吸收得少，但随着时间的延长，这种差异会逐渐缩小。渗入革内部的聚合物与铬配位结合，形成"胶原-铬-聚合物-铬-胶原"的网络交联，提高革的结构稳定性，改善革的丰满性、柔软性及紧实性。而在加入聚合物以前，先加入了其他阴离子材料则会降低革对聚合物的亲和力，有利于其在革内均匀分布，但也会降低吸收率。相反，先加聚合物，后加其他阴离子材料，有利于它们在革内分布均匀，但会降低革对它们的吸收率。一般来讲，采用多种复鞣剂在中和后复鞣，先加的与革的亲和力强，其复鞣特征明显。后加的亲和力弱，其复鞣特征弱。在生产实际中，通常先加聚合物复鞣剂，以降低革对栲胶的亲和力，使栲胶向革内渗透，防止表面过鞣。根据复鞣的一般规律：复鞣剂在革的外层结合较多，在内层结合较少时，复鞣后的革比较坚实、弹性好、粒面紧实。在革的内外层分布比较均匀时，复鞣后的革比较柔软、弹性较小、粒面较为松软。聚合物复鞣同样也遵从上述规律。

(c)氨基树脂复鞣剂。用氨基树脂复鞣剂复鞣革后，氨基树脂主要沉积在胶原纤维表面。其主要原因：氨基树脂与胶原纤维所带电荷相反，pH值变化使氨基树脂的溶解度降低或使缩聚不够完全的树脂进一步缩聚。另外，对于以分子聚集态分散在水中的氨基树脂，遇到革纤维后会失去稳定性而沉积在纤维上。氨基树脂在革的松软部位沉积较多，在紧实部位沉积较少。由于与革的结合力较弱，氨基树脂复鞣剂填充后可使革的粒面紧实但不会引起粗面或皱纹,可获得粒纹清晰、细致的粒面效果,其次可增加革的丰满性和弹性。填充的同时不会明显降低革的柔软度。

(d)植物鞣剂。用植物鞣剂可增加革的丰满度和紧实度,使革的手感浑厚充实。可改善革的磨革性能,使磨革后的绒毛短而均匀,增加革的成型性,尤其是粒面成型性,使革容易被压花,压花后花纹清晰,保持时间长久。可增加革的亲水性,得到粒面亲水性良好的革。可提高革吸收油脂的能力,使加脂时油脂被吸收得更均匀,更干净。

(e)戊二醛或其改性复鞣剂。用其复鞣铬鞣革时,pH 值和温度对复鞣效果影响较大。在弱酸性范围内(pH=3~7),随 pH 值的升高,其与铬鞣革的结合加快,吸收更完全,但 pH 值过高时革的粒面会变粗。室温下复鞣时,戊二醛与革的结合比较缓慢,革的粒面较细。升高温度,可加快结合并促进吸收,但温度过高会引起粒面变粗。当用合成鞣剂、栲胶等复鞣后或在亚硫酸盐、氨水处理后,戊二醛不仅可与铬鞣革本身反应,还可与这些材料发生反应,使醛鞣变得复杂化,这不仅会多消耗一部分醛,而且有可能与这些材料形成缩聚物。如果控制不当,会使革变硬,甚至会使革出现脆裂。如果用戊二醛复鞣后,紧接着用上述材料处理,同样也可能出现类似情况。所以用戊二醛或改性戊二醛与其他复鞣剂配合使用时,要考虑醛与这些材料的反应。一般采取分阶段复鞣的方法,以防不良反应的发生。

⑤复鞣剂用量的影响。复鞣剂的用量是一个比较复杂的问题,因为不同的成革品种所用的复鞣剂不同,对复鞣的要求不同,用量也就不一样。另外现在常采用多种复鞣剂结合的复鞣方法,这就更需要进行合理的用量搭配。一般用量不宜过大,以免过分掩盖铬鞣革的性能。在确定用量时,必须通过试验选择合理的配方和适宜的用量。

革的容量是有限的,比如铬鞣革吸收聚合物的能力是有限的,一般最多可吸收削匀革重 5%的聚合物(以固含量 100%计)。而当聚合物分子过大时,结合在革面上的聚合物会阻碍其他聚合物向内渗透,导致吸收率的降低。虽然从鱼皮成品革来说,要求挺实、丰满,需要相当多的复鞣剂用量,但复鞣剂用量大,并不一定革吸收得就多,复鞣效果也不一定好。所以,复鞣剂的用量应综合各个方面,并通过试验选择复鞣材料之间的最佳搭配和最适的用量。

(2)鱼皮染色。染色是制革生产中重要的工序,它在增加革制品的花色品种,满足群众对各种色泽的喜爱,使革制品颜色紧随气候变化,紧跟流行色的变化上起了重大作用。大多数轻革在鞣制后都要染色,染色后的革颜色鲜艳、美观,这不仅能增加革制品的颜色种类,同时也改善了革的外观,增加了革的使用性能。

①复鞣方法的影响。铬鞣革带有很强的正电性,和酸性染料反应很快。铬鞣革未经处理直接用酸性染料染色不好控制,容易染花,也不易染透。而如果用铬、铝等无机鞣剂复鞣加强铬鞣革的正电性,也就更不容易染透了。但先用阴离子复鞣剂,以降低铬鞣革的正电性,特别是采用大量的阴离子复鞣,染色也就更均匀,容易染透。但是染料的上染率低,色泽浅淡。

②温度的影响。温度对染料影响较复杂。高温可以促进染料的溶解和分散,减少染料的聚集,分子运动加快,提高染料的渗透性能和上染速度。因此,高温染色效果都较好。高温也有利于革纤维的分散,有利于纤维表面水化膜的破坏,促进了染料与革的结合,反应加

快,染液吸净率高。

低温染色时,染料上染缓慢,与革纤维的反应很慢,因此匀染性好,表面着色较浅淡,但染料吸净率差,废液中染料多。有时,为了使染色均匀,表面着色又浓厚,也可以先低温染色,然后加热水升温,以促进革对染料的吸收和固定。需要染透时,常常需要考虑渗透与结合的关系,高温染料的扩散和反应结合都快,但结合更快,在实际操作中,如果采用高温染色,往往会出现染不透的现象。

③液比的影响。转鼓染色液比的大小,一般由所染的颜色来决定。液比大,有利于染料的溶解和分散,较易染匀,这时染料的上色亦低,所染的色泽偏淡。所以染浅色革、绒面革,不要求染透的革液比要大一些,一般水量为200%~250%;液比小,染料的浓度大,有利于渗透,可提高染着效果,能节约染料,减少废液,所以黑色革或正面革,要求染透心的革液比可小些。

④中和 pH 值的影响。中和后染液的 pH 值会直接影响染液的分散度。pH 值高,染料分散度大,染料常以离子形式出现,不易聚沉,染液中小分子和离子多,有利于染料在革内的渗透。相反,pH 值低时,染浴中氢离子多,染料多以色素酸分子存在于染液中,色素酸分子易聚集,所以此时染料在革纤维上渗透困难。染浴 pH 值也影响革的表面带电荷状态。pH 值高时,革表面带正电荷少,有利于阴离子染料的匀染、渗透。但是此时染料与革的结合力差;pH 值低时,革面带正电荷多,染料阴离子与革结合迅速,革色浓厚,染料耗净率高。从中和程度来看,中和程度越深,越有利于染料向革内渗透,使整个革截面全部被染透;而未中和透的革,染料向革内渗透差,因此难以被染透。从蓝湿革的角度来看,薄革染色 pH 值对其影响不是很大,因为其一般容易中和完全。所以对于鱼皮来说,pH 值对染色程度影响不大。

(3)鱼皮加脂。为防止皮革在干燥时因革纤维彼此黏结而变硬,增加革纤维之间的润滑性,提高成革的抗张强度、崩裂力以及底革的耐磨性,减少皮革在干燥中面积的收缩,增加成革得革率,提高成革的防水性和使用寿命,增加成革的光泽和美观等目的,因此要对鱼皮进行加脂。

①中和 pH 的影响。中和对于加脂的目的就是让革的 pH 值更接近革的等电点。对于铬鞣革来说,其等电点的 pH 值一般为 6~7,中和使革的 pH 值有利于染料向革内渗透升高,更靠近等电点,使革的正电性下降,有利于阴离子加脂剂的稳定,避免了乳液在革面破乳以及随之引起的革面油腻。但中和要适度,过度的中和不仅会降低加脂剂的吸收率,严重的还会造成革中结合的革脱鞣。

中和 pH 值越高,程度越深,加脂剂越易渗透,内外层更加均匀,成革更加柔软;而中和 pH 值低,会形成表面中和,加脂剂难以均匀地渗透至革的整个截面,使外层高于内层,油润感强。对于不同品种的革,加脂的 pH 值往往要求不一样,比如铬鞣鞋面革,常常要求表面中和,乳液加脂时,革两边的含油量适当高于中层,使成革有较好的油润性,革身弹性较好。由于鱼皮纤维比较枯燥,加脂时应注意增强革的油润感。

②加脂剂种类的影响。加脂剂不同,对成革的作用也不一样,例如国产鱼油及其加工产品,可使革丰满,有一定的弹性,存放时间长,也能使革保持长期柔软,但会使渗透性变差,国

产鱼油用量不宜太大,常为1‰～3‰。而牛碲油既能赋予革一定的坚韧性、润滑性,又不易使革松软,且自身颜色浅淡,是高档鞋面革的理想加脂剂。而植物油渗透性好,但加油后革的手感会较干燥,油润性差。另外,不同的处理方法所得的加脂剂加油性也不一样,硫酸化油一般稳定性较差,往往是在表面加脂,而亚硫酸化油稳定性、渗透性好,成革柔软。油脂还对革具有填充作用,使革更加丰满。不同品种的油脂对革的填充性也不一样,填充性最高的是合格的氯化石蜡,其次是牛蹄油和羊毛脂,最差的是矿物油。不同的加脂剂具有不同的长处,同样也有一些缺点,应选择合理的配方,取长补短,以满足成革的要求。

鉴于鱼皮成品革的要求,考虑鱼皮的特点,应采用以油润性、填充性为主的加脂剂,辅以稳定性、渗透性良好的加脂剂搭配使用。

③加脂剂用量影响。加脂剂的用量应将主加脂与辅助加脂的用量综合起来考虑,考虑到革的复鞣状况及加脂剂的有效成分含量,同时要考虑产品的要求。对于采用助软型复鞣剂复鞣的革,加脂剂用量应适当少一些。对于采用栲胶等具有吸油作用的复鞣剂复鞣的革,加脂剂用量应适当多一些。加脂剂的有效成分低时,应适当增加用量。而鱼皮成品革要求紧实,在保证对纤维的润滑感、增强油润感的同时,应尽量减少油脂的用量,以免带来负面影响。

④固定方法的影响。一般固定的方法是加脂后期加甲酸降低pH值来固定。第一,降低pH值可以促进加脂剂的破乳从而使其固定于革纤维上;第二,降低pH值使革身pH值低于其等电点,正电荷增加,利于革纤维和加脂剂的反应加快。但由于此系列复鞣方案是采用阴离子复鞣剂重度复鞣,革面正电性严重减弱。因此,只加酸固定,往往革的油润感不是很理想。而采用加酸初步固定后,不换浴直接加阳离子树脂或阴离子加脂剂固定,革油润感的问题立即得到解决,同时也固定了阴离子复鞣剂,使革身更加饱满、紧实。由于阳离子树脂和阴离子加脂剂反应很快,加阳离子树脂之前,应仔细检查油脂绝大部分是否被吸收,如果大部分没被吸收将引起表面油腻。

3.2.2 鳄鱼皮

近年来,鳄鱼皮制品作为高档真皮制品界的领头羊,受到了各方面的追捧。在鳄鱼皮制革中,尼罗鳄皮属于上等优质的品种,虽然国内鳄鱼原料皮已经有了充足的来源,但至今未见有尼罗鳄制革技术的相关报道,实际生产中极少有自主开发的可用于实际规模生产的鳄鱼皮加工工艺,各个工序均存在很多缺陷,有些还是沿用牛、羊、猪皮的加工工艺,创新性、可实施性不强,成品率低,难以用于大规模生产,这极大限制了特种皮加工行业的成长和发展。

在制革加工阶段,水场的污染负荷是最严重的。随着清洁化制革呼声的高涨,制革准备阶段的清洁生产也就引起了制革行业的重视。

1. 鳄鱼皮的结构

制革常用的鳄鱼腹部皮标准皮型(见图3-1)可详细分为6部分:下颌部、前腿部、腹中部、边腹部、后腿部和腹尾部,腹部中线贯穿腹尾部和腹中部,是鳄鱼皮制革过程中重要的一条线,类似于牛皮的背脊线。

下颌部花纹较小,形状不规则,有圆形也有方形。前腿部位又可以详细分为腹欣部、腿

54 皮革概论

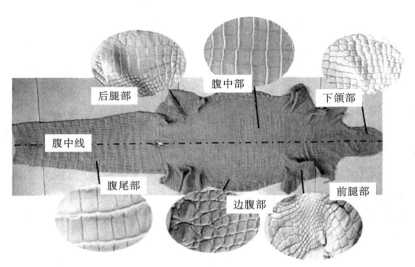

图 3-1 常见的鳄鱼腹部皮标准皮形示意图

前部和腿后部,腹肷部花纹较小但均一,同时也很空松,腿前部和腿后部花纹不一致,表皮下生长有骨质盾片。腹中部是价值最高的部分,约占整张皮的 2/3,腹中部花纹规整度高、成行排列,花纹形状接近于正方形。边腹部有一排或者两排过渡状态的骨峰,花纹也从正方形逐渐过渡到圆形。后腿部与前腿部类似,也可以详细分为腹肷部、腿前部和腿后部,腿前部与腹肷部分界明显、花纹较大,表皮下亦生长有骨质盾片;花纹从腹肷部过渡到腿后部时,分界不明显、花纹逐渐变大、呈凸起状,表皮下未见生长有骨质盾片。腹尾部花纹从较规则的长方形逐渐演变为正方形,花纹较腹中部深。

鳄鱼背部皮上顺着背脊线的突起称作骨峰,骨峰的表皮层下是凸起并且坚硬的骨质盾片。常见的鳄鱼背部皮标准皮型(见图 3-2)可以分为枕鳞部、背甲部、鳄翅,整个背部布满

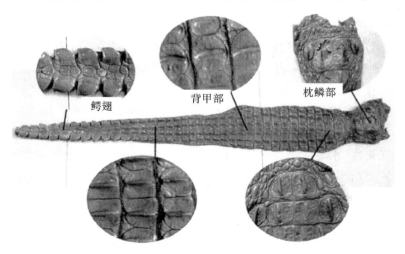

图 3-2 常见的鳄鱼背部皮标准皮形示意图

方形骨峰。从背甲部到背尾部,边部两排骨峰逐渐变高并演变成鳄翅,中间两到三排逐渐变小最终与两排鳄翅汇合。

以尼罗鳄为例,颅顶部有六个较大的骨峰,分为两排,是整张皮中最坚硬的部位。在背甲部中,骨峰呈较为规则的方形,靠近背脊线的一排骨峰高度较低,靠近边缘部位的骨峰相对较高。从背甲部到背尾部时,靠近背脊线的骨峰逐渐变高、骨质盾片逐渐消失,花纹也逐渐演变为不规则的圆形、椭圆形;靠近边缘的骨峰逐渐演化成鳄翅,骨质盾片也逐渐演化成致密的胶原纤维。

2. 鳄鱼皮的加工技术

现有鳄鱼皮制革技术中存在脂肪去除困难、皮板和骨甲难软化、鳞片层难以完全去除、漂白褪色效果不佳、成革扁薄空松、挂晾方法不当等问题,这些问题将会严重阻碍鳄鱼皮制革技术的发展。

本节将介绍一种可用于成熟的产业化清洁制革工艺技术(见图3-3),该技术的使用对特种皮加工行业的成长和发展、环境保护等方面起到了积极的推动作用。

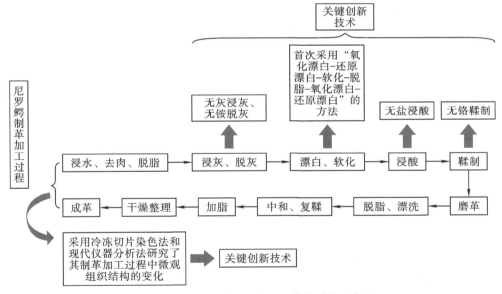

图3-3 产业化清洁制革工艺技术路线示意图

(1)尼罗鳄皮的微观组织结构。人们采用冷冻切片染色法和现代仪器分析法对尼罗鳄原料皮及其在制革加工过程中微观组织结构变化进行了研究,从而为制革加工提供了切实有效的参考依据,使制革加工更具有高效性和针对性。

①三色苏丹Ⅳ染色法。通过三色苏丹Ⅳ染色法对尼罗鳄原料皮进行了组织结构染色观察,如图3-4(a)、(b)所示。在图3-4(a)、(b)中,显示固定液颜色即黄色的是附着在皮表面的致密层状角蛋白组织,称之为鳞片层,在制革加工过程中,鳞片层若不去除,会严重阻碍化学材料的渗透。鳞片层厚度不均一,在盾片间的凹槽部分最薄,在盾片的中间部位最厚。与鳞片层相连的是一层呈现棕黑色的纤维,称之为表皮层,表皮层是彰显成革表面特性的最重

要部分,在制革过程中需要对其进行保护、防止表皮层破裂,造成成革价值下降。在表皮层的下方,与鳞片层厚度相当、由较细的纤维束编织而成的纤维层是粒面层,在制革过程中,粒面层是凸显皮革柔软度、弹性的重要部分。与牛、羊皮相似,尼罗鳄皮板的主要部分被称为网状层,但是尼罗鳄的网状层更加厚实、纤维束更加粗壮、纤维编织更加均匀,网状层的纤维束直径为 50~200 μm,越靠近粒面层纤维束直径越小。在尼罗鳄腹尾部,网状层下是一层厚度不等、由团状脂肪组成的脂肪层,即图 3-4(a)、(b)中显红色的部分。脂肪层在制革过程中,由于脱脂剂、软化酶、酸、盐的作用,会被破坏分散到网状层,甚至粒面层,对鞣制造成严重影响,所以脂肪层在准备工段前应该被除去。脂肪层下是皮下组织(在没有脂肪层的位置,皮下组织与网状层直接相连),皮下组织中主要成分仍然是胶原纤维束,但是纤维束的排列与网状层明显不同,并没有相互编织,而是呈现较统一的走向即垂直于腹中线的方向。

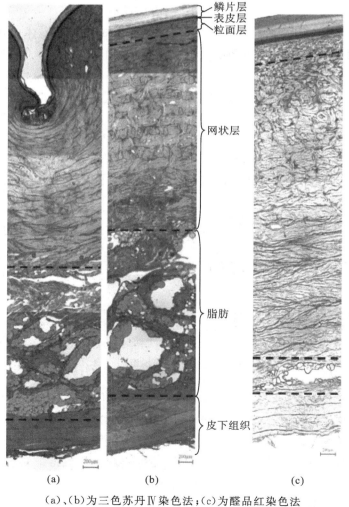

(a)、(b)为三色苏丹Ⅳ染色法;(c)为醛品红染色法

图 3-4 尼罗鳄原料皮组织结构横切图

看彩图
请扫二维码

②醛品红染色法。图 3-4(c)是经过醛品红染色法染色的尼罗鳄尾部皮组织结构图,由图 3-4(c)可以看出,显紫黄相间的为鳞片层,表皮层显深紫色,背景色为浅紫色,纤维束周围的弹性纤维显深紫色。鳞片层在染色过程中会吸附一部分醛品红染料,在水洗过程中并不能完全洗掉,所以染料渗透到的地方显亮紫色,染料未渗透的部分仍然显固定液的颜色即黄色。表皮层显深紫色,说明表皮层含有大量的弹性纤维,制革过程中,在进行对弹性纤维破坏严重的工序(如酶软化)时,尤其要注意控制加工强度,防止表皮层因为胶原纤维损失过多而损坏,造成表面粗糙甚至起泡。通过醛品红染色法,能够更好地显示出粒面层、网状层和皮下组织纤维束的排列情况,粒面层纤维束较细且编织较为杂乱,网状层的上半层纤维编织规整,网状层的下半层属于网状层到皮下组织的过渡状态,纤维较粗壮并有一定程度的编织。

(2)漂白、软化。尼罗鳄皮板呈现橄榄绿色并带有大面积的、颜色较深的褐色斑点,对于制作浅色革和白色革是十分不利的,所以必须经过漂白作用来充分破坏表面的色素。

为了克服鳄鱼皮制革的漂白技术难点,采用"氧化漂-还原漂白-软化-脱脂-氧化漂白-还原漂白"的方法,既可以彻底破坏并去除表皮层的色素,且经过浸酸时的盐洗作用,能够获得白度大于 83.5% 的纯白色酸皮,较浸灰后皮白度提高 60% 以上,对实现做浅色革或白色革具有积极作用。值得注意的是在第二次氧化漂白结束后,适当延长还原漂白的时间,可确保在铬鞣前将氧化材料彻底去除,防止三价铬被氧化成六价铬,造成成品有害物质含量超标。同时,氧化漂白的废水要单独收集,防止车间出口的废水中六价铬含量超标。

从图 3-5 中可以明显看出,经过第一次漂白后,蓝黑色边腹部被氧化成黄色,腹中部转变成颜色更浅的淡黄色;软化后边腹部黄色变为淡黄色,与腹中部的色差进一步减小;经过第二次漂白后,皮板颜色洁白,各部分颜色差逐渐消除。最终能够获得洁白、颜色均一的软化皮板。通过与传统漂白褪色方法对比,证明了采用"氧化漂白-还原漂白-软化-脱脂-氧化漂白-还原漂白"的方法不仅可以得到洁白、颜色均一的软化皮坯,同时对制革行业的环境保

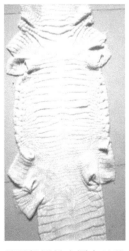
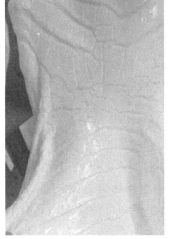

图 3-5 尼罗鳄原料皮漂白过程中皮板的颜色变化

看彩图
请扫二维码

护具有积极作用。

(3)浸灰、脱灰、浸酸、鞣制。浸灰除了能达到除去纤维间质、使纤维间隙增大的目的以外,更重要的是能破坏覆盖于粒面之上的致密鳞片层。以硅酸盐、磷酸盐、有机碱等为主要组分的无灰浸灰体系对纤维膨胀的质量变化及纤维分散影响较大。石灰对纤维膨胀呈横纵均等的趋势,灰裸皮面积减少5%;无灰膨胀体系膨胀后,纤维在水平方向的松散程度较高,膨胀裸皮的面积增加2%~5%,身骨较石灰膨胀后的裸皮柔软。

与常规铵盐脱灰相比,在无铵脱灰过程中,以硼酸为主体的无氨氮脱灰材料DA-2脱灰作用较为缓和,脱钙能力强,脱灰废水中氨氮及COD均明显降低,所以此种脱灰剂符合清洁化生产的要求。

利用不浸酸铬鞣剂SF-1对软化裸皮进行预鞣,可以抑制坯革在pH值为2.5~3.0酸液中的膨胀。对预鞣后的坯革进行无盐浸酸和常规铬粉鞣制,可实现"两步法"无盐浸酸铬鞣加工技术。

一直以来,铬鞣法在鞣制工业中占有主导地位,随着国家对环境保护的重视以及国民环保意识的增强,铬鞣污染所带来的负面影响已经不容忽视,故生产无铬、少铬鞣剂是皮革工业最为重视的发展方向之一。而超支化聚合物以其新奇的结构、独特的性能,使得其在制革行业中的应用越来越多。因此,人们利用端羧基超支化聚合物(HPAE-C)的末端羧基与Al^{3+}络合,制备了一种新型的无铬鞣剂(HPC-Al),并将其应用于尼罗鳄皮的鞣制中,其单独鞣革收缩温度为75.5℃,用2%的铬粉复鞣后收缩温度大于95℃,且丰满性、物理力学性能明显提高。锆鞣工艺获得的白色革如图3-6所示,复鞣后收缩温度大于83℃。并对鞣制后的废液进行综合环境评价,表明无铬和少铬鞣系统可应用在尼罗鳄制革过程中。

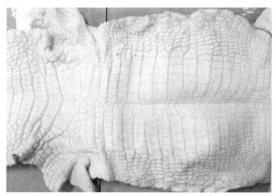

图3-6 无铬鞣白色尼罗鳄革

与传统制革工艺相比,"无灰浸灰-无铵脱灰-无盐浸酸-无铬鞣制"的方法将大大降低中性盐和废水的产生,减少制革污染,更利于清洁化生产,对现有制革技术是一个很大的突破,对实现制革业的清洁化生产和可持续发展具有重要意义。

3.2.3 鸵鸟皮

随着经济的发展和人们生活水平的提高,消费需求也越来越上档次,高档皮革产品成为市场消费的热点,在众多的珍稀动物皮革中,鸵鸟皮革以其柔韧性强、透气性好、毛孔花纹别具一格等其他皮革不具备的特点,成为公认的、名贵的皮革种类。鸵鸟皮的柔韧性比牛皮的柔韧性高3~5倍,其售价是鳄鱼皮的3倍,可制成皮靴、皮鞋、服装、公文包、手提包、钱包、皮带、枕垫、家具及汽车座椅等多种制品。鸵鸟皮制品价高且美观。事实上,鸵鸟皮也是鸵鸟饲养者的一项巨大收入。鸵鸟皮制品的质量以南非、意大利、法国的最好;新加坡、中国香港地区次之;皮鞋以意大利最为讲究,质量最好;花样则以西班牙最多。鸵鸟皮制品的消费市场主要是欧美国家,亚洲则主要是日本。

1. 鸵鸟皮的结构

鸵鸟皮组织可分为表皮层、真皮层和皮下组织层三层。其中,表皮层是皮肤的最表层,其厚度受季度性影响较大;真皮层位于表皮深层,由致密结缔组织构成,较表皮层厚,具有一定的弹性和韧性;皮下组织层位于真皮层下并含有组织的疏松结缔组织层,结构很疏松,容易剥离。

鸵鸟表皮较厚,色素很多,要制作高档色泽鲜艳的鸵鸟皮革,必须进行脱色和漂白处理。胶原纤维是鸵鸟皮真皮层中的主要纤维成分,占其纤维成分的98%左右。鸵鸟皮的胶原纤维束粗壮,相互交织紧密,真皮层上层胶原纤维束较细小,编织紧密;中层胶原纤维束粗壮;下层胶原纤维束逐渐变细,编织逐渐疏松。皮下组织层由编织疏松、多呈水平走向的胶原纤维、弹性纤维及脂肪细胞等组成,厚度约占全皮的10%。

鸵鸟皮的肌肉组织发达,交织成网,增大了皮本身的强度,制革过程中应注意肌纤维的分散。鸵鸟皮的毛孔粗大,几乎贯穿整个真皮层,形成皮表面的孔洞状花纹。同时,其脂肪组织发达,制革过程中应注意脱脂。

整张鸵鸟腿爪皮类似于长边向内凹的矩形,一般长30~50 cm,宽10~15 cm。其粒面外形美观,花纹类似蛇皮,中间有一宽度为3~5 cm的月牙状花纹,片片"月牙"相接,类似于鱼鳞结构,周围布满不规则且极具立体感的多边形花纹,这是鸵鸟腿爪皮的典型外观特征。

2. 鸵鸟皮的加工技术

(1)鸵鸟毛漂白增白及染色。鸵鸟毛有白、黑和杂色等几种。对于白色羽毛,可先褪色再漂白增白,也可进行染色。对于大量杂色毛,首先须通过漂白褪色使其成为非常浅淡或纯白色的毛皮,再于相同操作条件下染成一致的颜色。

鸵鸟毛作为一种特殊的动物毛资源具有其特殊的利用价值。经过上述的碱处理脱脂、铁盐媒染处理、双氧水氧化褪色和荧光增白剂增白处理以及必要的染色加工,并适当调节各工序之间的平衡和条件,可加工出色泽洁白或颜色艳丽的鸵鸟毛加工产品(见图3-7),可用于室内工艺品及高档服饰装饰品或其他特殊用途。

(2)鸵鸟皮清洁化加工技术。

①浸水的影响。通过浸水工序,可使整张皮浸软、浸透、回软均匀,以尽量恢复鲜皮状态。浸水后的鸵鸟皮应全张皮无僵硬,臀部、背部切口呈均匀一致的乳白色,以有利于之后工序的机械处理和化学加工。为避免生皮受细菌侵蚀,特别是避免损伤粒面,浸水时会加入适量的浸水防腐剂。一般采用二次浸水,第一次为预浸水,在划槽中进行;第二次为主浸水,

图 3-7 鸵鸟毛工艺品

在转鼓中进行。浸水温度均在 20℃，应采用小液比，尽量减少制革中水的消耗。

②去肉的影响。由于鸵鸟皮粒面有毛盖，致使其粒面凹凸不平，所以不能用机器去肉，只能手工去肉。鸵鸟皮皮下组织发达，浮肉较多，且被脂肪锥牵引，因此，给手工去肉带来了极大困难。在操作时分别在浸水、浸灰、脱灰后安排三次手工去肉。注意保持皮张的平整，避免铲破皮张。三次去肉须得当，否则会引起孔洞。

③脱脂的影响。鸵鸟皮的脱脂是一个非常重要的工序，为了达到脱脂的要求，常采用高效脱脂剂与纯碱配合并分步多次进行。操作中在浸水、浸灰、脱灰、软化后等工序分别加入脱脂剂进行多次分步组合脱脂，从而达到脱脂目的，这样制得的鸵鸟皮革基本无异味。

④浸灰、复灰的影响。鸵鸟皮背部、侧背部纤维编织紧密，纤维束细小，而腹部纤维编织稀松，纤维束粗大，且大部分为水平走向，在浸灰膨胀时应尽量使皮缓慢、温和膨胀。为了提高鸵鸟皮柔软、丰满度，以制成高品质的鸵鸟皮革，应进行复灰过夜，同时添加脱脂剂进行脱脂。处理时应采用浸灰碱和复灰过夜，选用 NaHS、Na_2S、$Ca(OH)_2$ 和浸灰助剂联合浸灰碱。为了避免膨胀过度，应该加入适当的浸灰助剂，以减轻裸皮的膨胀程度和膨胀速度，使膨胀缓和均匀。

⑤漂白的影响。鸵鸟皮中色素含量较高，且大部分为黑色，要制得整张色泽均一的蓝湿革，对鸵鸟皮的漂白十分关键。对鸵鸟皮的漂白就是设法通过化学处理破坏其色素细胞，使其褪色而达到整张皮色泽均一。一般情况下，采用 H_2O_2 在碱性环境下漂白，少量多次漂白，并在浸酸结束时，用 $NaHSO_3$ 还原漂白补充，同时也消除 H_2O_2 在铬鞣过程中对铬的影响，而使表面色素淡化，达到乳白色，从而达到漂白的目的。

⑥浸酸的影响。采用低 pH 值大浸酸可增加革的柔软度，如果鞣制得当，丰满度会明显增加。操作时采取大浸酸，可增加革的柔软度。用甲酸和硫酸混合浸酸，浸酸后停鼓过夜。浸酸 pH 值应比常规工艺中低一些（pH=2.4 左右）。为了提高鸵鸟皮的柔软度，在浸酸中采用预加脂的方法，加入耐盐、耐酸的加脂剂。

⑦染色加脂的影响。对于鸵鸟皮要求做到"重染轻涂"，加强染色处理，尽量往成品要求的颜色靠近，而且要求染色坚牢度高，着色以浅为主，以突出其表面毛盖的立体效果，显现鸵

鸟皮革天然美丽的花纹特征。操作时采取以染浅色为主,且为一次染色,染色后色泽鲜艳饱满,颜色均匀一致,没有色花,具有较高的坚牢度。加脂采用多次分步加脂,在浸酸铬鞣前和中和时采用预加脂,一次主加脂的方法。在预加脂中,选用了耐酸碱、耐铬液的加脂剂。在主加脂中,以磷酸化、硫酸化等合成加脂剂以及中性的天然油、植物油为主。加脂后,油脂吸收良好,分布均匀,使革吸收的油脂增多。深入革中层油脂较多,使革身更加柔软,粒面细致而不油腻,手感舒适。

(3)鸵鸟腿爪皮加工技术。

①脱脂的影响。由于鸵鸟腿爪皮含有一定的脂肪组织,在胶原纤维束之间存在有游离脂肪细胞。这些物质若不除去将会妨碍化学材料的渗透,影响鞣制、染色和涂饰等重要工序的顺利进行,影响成革手感。因此,对鸵鸟腿爪皮应进行脱脂。操作时采用多工序分次脱脂工艺,安排在浸水、浸灰、脱灰、软化工序脱脂,在浸酸之前还有一次补充脱脂。经过这样的处理,既可达到表面脱脂效果,又有一定的皮内深度脱脂效果。

②浸灰与复灰的影响。由于鸵鸟腿爪皮纤维编织特别紧实并且具有坚韧的胶质化层,为了松散纤维以便后面工序的加工,以及得到丰满柔软的革。为了除去鸵鸟腿爪皮的表面胶质化层,得到粒面洁净的裸皮,进一步除去皮下组织的纤维间质、皂化油脂,使弹性纤维变性,为成革柔软性、丰满性、弹性打下良好的基础。操作时采用了浸灰碱和复灰过夜,选用$NaHS$、Na_2S、石灰和浸灰助剂联合浸灰碱。为避免膨胀过度,使膨胀缓和均匀,应选用适当的浸灰助剂,以提高浸灰效果。

③漂白的影响。鸵鸟腿爪皮色素含量高,漂白的目的是制得整张色泽均一的蓝湿革,以及某些浅色革和颜色鲜艳革的染色。对鸵鸟皮的漂色就是设法通过化学处理,破坏其色素细胞,使其褪色而达到整张皮的色泽均一。采用氧化-还原反应体系进行褪色漂白,采用H_2O_2在碱性条件环境下的漂色,并在浸酸结束时,用$NaHSO_3$还原补充漂白,同时也消除H_2O_2在铬鞣过程中对革的影响而使表皮色素淡化,从而达到漂白的要求。由于H_2O_2作用较强,对皮板有一定的损害,故在加入H_2O_2后,应使其充分混合均匀,然后再投入皮张。

④浸酸的影响。采取大浸酸,可增加革的柔软度,用甲酸和硫酸混合浸酸,浸透后停鼓过夜,浸酸pH值为2.5左右。为了提高鸵鸟腿爪皮的柔软度,在浸酸中采用预加脂的方法,加入耐盐、耐酸的加脂剂。

⑤染色加脂的影响。对于鸵鸟腿爪皮要求重染轻涂,这就要求染色坚牢度高、着色浅,以加强其表面凸起效果,突出鸵鸟腿爪皮美丽的花纹。由于染色后还要经过整饰,所以所染的颜色基本接近成革的颜色。在加脂工序中,采用多次分步加脂:在预加脂中,选用耐酸碱、电解质的合成加脂剂;在主加脂中,以磷酸化、硫酸化等合成加脂剂及改性的天然油、植物油为主。

⑥绷板干燥的影响。绷板干燥可以除去皮革中过多的水分,使皮革平整,提高得革率。绷板干燥过程中要注意将腿爪中部的竖条花纹绷直,否则成革的花纹会显得歪斜,绷板时不能绷得太紧,以避免成革不丰满。也不能过于松弛,否则腿皮会变得延伸率过高、皱起。采用湿绷板方法,有利于革身平展。

根据鸵鸟腿骨壁厚、直且长的特点,采用切割、打磨和漂白等技术,首创性地开发出了如图 3-8 所示的天然骨头鸵鸟腿骨筷子,用以代替天然象牙筷子,作为馈赠的高级礼品或工艺品,具有很高的欣赏和实用价值。

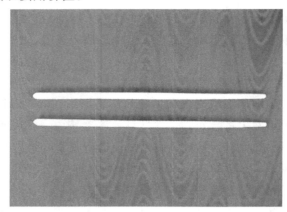

图 3-8　鸵鸟腿骨筷子

鸵鸟蛋壳大而结实,经过适当的加工或美化,可形成具有很高欣赏及收藏价值的工艺品。目前已开发的鸵鸟蛋壳工艺品有镂雕彩绘系列、浮雕彩绘系列、景泰蓝系列、绘画系列、白描系列等多种款式(见图 3-9)。近年来,国际鸵鸟产业显示出非常强劲的发展态势。鸵鸟肉蛋在食品工业中创造了越来越高的产值,而鸵鸟皮因其柔韧性强、透气性好、毛孔花纹别具一格的特点而愈显珍贵。鸵鸟皮广泛应用于皮鞋、皮衣和箱包皮件的高档皮材料上,用鸵鸟皮搭配设计的皮鞋售价比牛皮鞋高出几倍甚至十几倍;用鸵鸟皮制作的包、袋、皮衣等同样名贵,产品市场潜力巨大,其发展前景现已得到业界的广泛认可。

图 3-9　鸵鸟蛋壳工艺品

3.3 皮革制品及其加工技术

3.3.1 皮　影

中华民族自古以来就是一个具有创新传统和工匠精神的民族。在漫长的岁月中,那些身怀绝技的能工巧匠们,创造出了无数名扬四海的手工艺珍品,它们成为中华灿烂文化中令人瞩目的一部分。其中,皮影(见图 3-10)就是中华民间艺术百花园中的一朵芳香四溢的奇葩!

图 3-10　皮影

皮影戏是一种综合性的民间艺术,集绘画、雕刻、音乐、文学、表演等艺术为一体,具有较高的艺术价值和文化价值。在皮影戏行内有一句古话:"中国皮影之最在陕西,陕西皮影之最在华县。"陕西皮影历史悠久,流派纷呈,争相斗艳,其中尤以华县皮影令人瞩目。华县皮影在国内外皮影史上的地位,近似于秦始皇兵马俑在中外考古史上的地位。

目前,皮影戏演出的主要道具是影人,因此,影人制作的好坏,将直接影响皮影戏的演出成败。传统皮影制作所用的畜皮主要是牛皮、驴皮、羊皮,偶尔也会用狗皮,但不多见。其制作程序是制皮、画稿、雕刻、着色、脱水和缀结。

1. 制皮

制皮,是制作皮影的第一道工序。对于整个工序来说,开头是很重要的,因为皮料加工的好坏,将直接关系影人雕刻的质量。制作皮影道具的材料,以牛皮和驴皮为主,因为其透明度好、韧性强,结实耐用。各地艺人通常会因地制宜,就地取材,在材料的选择上是很灵活的,如山西和甘肃选用的是牛皮(见图 3-11),河北皮影多使用驴皮,浙江、青海影人使用羊皮,潮州影人则多使用猪皮,还有些地方使用厚纸。

制皮时,以新宰杀的幼龄的牛或驴的毛皮为最佳。因为未经劳役,其皮上没有磨伤,且

图 3-11 牛皮制作的皮影

毛孔细,皮薄,有极好的透明度。畜皮剥下来之后,首先放置于清水或石灰水中浸泡。夏季要泡一天一夜,冬季时五天至七天,以泡软泡透为度。皮子泡透之后,捞出搭在一个用圆木支成的木架上,皮里子向上,用刮刀铲去皮子里面的残肉。铲好的皮子沿四边扎眼,每个眼之间3~5寸距离,再用小绳穿结皮孔绷到木框架上,绷得越紧越好。然后将木框架斜靠在墙上,将皮子里面向着太阳晾晒。待皮子绷干以后,用刮皮的刀子刮去畜皮外面的毛,再刮净皮内面的油肉。为了让皮子看上去光滑透明,往往需要刮好几遍。在操作中,用力要均衡,而且冬季还要注意防冻。这样,刮出来的皮子才能厚薄均匀、透明度好。

刚刮好的皮子叫生皮,生皮不宜直接刻制影人。因为毛皮本身不是平整的,虽然上木框架绷时经过了强力拉拽,强化平整过,但是刮后的驴皮皮质组织并没有被破坏,遇水会收缩,遇风和灯烤又会翘卷。另外,生皮肉面有油性,很难着色和涂染。为了克服生皮的以上缺点,艺人还需要将刮好的皮子浆一下。

在浆皮之前,先将刮好的皮子裁成所需的大小不等的形状,然后放入70℃的热水中浆皮一到两天。在这个过程中,需要保持水温的均衡。浆皮的目的主要是将皮子去油和定型。最后,将浆好的皮子拿出来阴干,待水汽晾干之后,再用重物压平。在压平的过程中,需要压几个小时便打开透一透气,防止皮子发霉。反复压,直到干透为止。经过浆洗的皮子,不仅不会弯曲,而且涂上颜色后不褪色、不渗油。

2. 画稿

画稿,也叫"过稿""落样"。即把要雕刻的各种图谱纹样,包括脸谱、服饰、道具等图案,放在加工好的透明皮子下面,然后用小钢针把图样照描在皮子上。皮影雕刻艺人所用的图谱,有固定的图样,多为老辈艺人流传下来的图样稿本,供雕刻作为样稿仿刻。只有少数有成就的艺人,才能够根据需要随时创造新的造型。

画稿之前,需要根据每块皮的质量和面积大小来决定其用途。一般头茬选一些明亮干净的皮子,上身选薄一点的皮子,下身选厚一些的皮子,其他质次一点的可以做亭台楼阁和其他辅助性的背景。皮子有正、反面之分,正面不会出现毛痕,因而一般过稿都以正面为佳。畜皮中的"云子皮"和"股子皮"则千万不能使用。"云子皮"是皮影雕刻老艺人在拓样时,皮子由于受冻或被热捂而出现的像云团一样的白斑,由于其不透明,故不能使用。"股子皮",即牲畜屁股的部位,筋特别多,经不住灯烤,受热则凹凸不平,故不能使用。

旧时,在甘肃民间还有一种独特的画稿方法——拓灰工艺。其做法是,雕刻艺人借用皮影的实物作为底稿,上面铺一张稍微潮湿的麻纸,在纸面上再垫几张麻纸,用肘部连续轻轻挤压,待皮影图形拓到软纸上之后,用香灰头或柳枝炭条描画清晰,称为"灰稿"。然后,再把灰稿反拓在畜皮上。每一次灰稿,可以同时拓印四五个相同的图样。这跟山东高密"扑灰年画"的创作技法类似。

3. 雕刻

画好稿样之后,需要用干净潮湿的毛巾或是白布包住,俗称"潮皮子",视皮子的厚薄潮5～10 min。其目的是降低皮子的硬度,使皮子变得松软,以便于刻制。

由于各地皮影的造型不同,牛皮和驴皮的皮质不同,所以不同地方的皮影雕刻方法也会有些差异。如陕西皮影的雕刻方法是先凿眼再雕刻,即先用特制的凿子按需要凿出各种形状的孔眼,然后用刀具镂刻所需的线条纹路。凿眼所用的凿子有圆形的、半圆形的、套花的,不下10种。大些的"花眼",譬如马眼、鱼鳞、龙眼等,也可以用刀子刻成。一般来说,用刀子刻的效果要好,纯粹用凿子凿出来的显得有一点死板。雕刻工具如图3-12所示。

图3-12 皮影雕刻工具

在雕刻的时候,用大拇指与食指夹住刀杆,中指推着刀背逆行雕刻。可以每一刀雕刻两层皮。雕刻时,将两层装订好并画好图样的皮子放在蜡板上,逐刀雕刻。同时,要注意垂直用刀,刀走中锋。刀口,有齐口、圆口、断口、尖口、转口之分。艺人雕刻的口诀如下:"樱花平刀扎,万字平刀推,袖头袄边凿刀上,花朵尖刀刻。"

服饰的雕刻刀法,以镂空为主,雕刻出各种形式的图案花纹,最常见的有雪花纹、梅花纹、菊花纹、蟒纹、豹头纹、虎头纹、羽纹、水纹等。武生所穿靠装多镂雪花纹、梅花纹等纹样,展现其细致紧密的造型;小旦所穿花衫则雕刻菊花、兰花等纹样,闲散地分布于影人的全身,展现其温柔妩媚的特征。

4. 着色

皮影雕好之后,再用细柔的砂布打磨平整,接下来就可以着色了(见图3-13)。这一工序,习惯上称为"敷彩"。影人着色,吸收了民间年画和民间彩塑的着色特点,以红、绿、黑、黄为主要颜色,槐黄、花青、浅紫、粉红、浅蓝、浅绿为辅助颜色,整体上重彩涂染。在涂染中,金色、深蓝、深紫三种颜色,在灯下呈黑色,故不选用。如果需要用金色,则用黄色来替代。旧时染色,是用皮胶(熬好的鱼鳔或牛皮胶)调制石色(硬色)涂染。炮制的方法如下:首先把制好的色料放入较大的容器内,再放进去几块皮胶,然后把容器放在特制的灯架下,用灯烘烤,待熔化成粥状,趁热敷到皮上。这样调制的颜色附着力强,不褪色,而且能够着色起到给皮影定型的作用。后来,改用透明的水彩色着色。

图3-13 皮影艺人给皮影上色

雕刻好的白茬影人,需要正反两面涂染颜色,才能显示出它的艳丽。着色分为多层着色和单层着色法。皮影的主要部位需要多层着色,但也不宜过多,一般混染三四次即可。而且还必须注意,应该由浅到深、由外到内来进行涂染。在更换颜色时,需要将影人微晾一下,然后再进行另一种颜色的涂染。这样,可以避免两种颜色互相渗透。影人的手、脖子和衣领不涂色,也不涂油。

5. 脱水

着色之后,还要给皮影脱水。脱水,俗称"出水"或"发汗",就是将着色后的皮影烘干。这也是一项关键性的工艺。它的目的是使敷彩经过适当高温进入皮层,并使皮内保留的水分得以挥发。

皮影脱水,所要求的温度一般在70℃上下。温度恰当,皮子发汗脱水顺利,皮内水分挥发,颜色便会融入皮内,这样的皮影色泽美艳,且久不褪色。如果温度过高,则会使皮子缩为一团,工艺全部报废;温度不足,颜色就不能融入皮内,皮内的水分也难以排尽,造成皮影的色泽不亮,时间长容易变形。

6. 缀结

缀结,是皮影制作的最后一道工序,也就是我们平常所说的装订。皮影中的影人,基本可分为7个部位,即头茬(头)、上身、上臂(两件)、下臂(两件)、手(两件)、下身、腿(脚与腿相连,两件),共11个构件。

当艺人们将这些部件全部雕刻完毕之后,就需要合理地将它们组装起来、使其成为一个完整、活动的影人。影人装订,早期是用皮条或线来缝钉。缝钉时,用线或皮条穿过连接点,然后分别在两面打结固定。现在演出中使用的影人,多用铆钉或铁丝装订,更加结实耐用。装订时,依据影人各部位的关系,先将手、上臂与下臂连接,上身与下身连接,然后将两臂分别放在影人上身连接处的两侧,重叠后一并装订。腿部装订有所不同,要依次分开,前后排列。不论是五分侧面还是七分侧面,一般将正面装订在下身上(特定的人物除外),使影人在整体造型上,重心在下面,便于行动,利于观众欣赏。传统影人的头茬和戳子,不作固定连接,使用时,将影人的脖子安插在戳子上端衣领中即可;演出现代戏或新编戏时,由于影人专人专用,因此大多为固定连接。

欲使装订好的影人活动起来,还需要在影人身上安装操纵杆,俗称"签子"。支配影人动作主要有三根操纵杆,分别安装在影人的胸上部和两手处。胸上部的操纵杆是用来平衡影人的,两手上的操纵杆是为做动作所用。

在影戏表演中,胸上部的操纵杆还有文场与武场之别。文场人物,是安装在胸部的上前部,便于影人反转活动;武场人物,则是安装在胸后上部,即后肩上部,以便于武打,装上操纵杆,可以使影人的动作更加细腻、复杂,做出跑、立、卧、躺、滚、爬、打斗等百般姿态。而今,有些皮影剧团在演出(见图3-14)时,将影人的两腿也安装上操作杆,这使得影人的动作更加细腻、复杂。

图3-14 皮影戏表演

3.3.2 腰 鼓

安塞腰鼓(见图3-15)诞生于西北黄土高原地区,至今已有2000多年的历史,主要流传于陕北的安塞和横山等地。它具有气势磅礴、舞姿优美、潇洒大方等多方面特点,是我国传统文化的典型代表,同时也是黄河流域文化的重要内容。

相传腰鼓是以威吓敌人的军事作用而被创造出来的。在春秋战国时代极为兴盛,其中又以秦国最为普遍。今之安塞,为古代的西北要塞,是兵家所必争之地。它与长城和内蒙古毛乌素沙漠遥遥相对,与北方少数民族的驻地相近,时常兵锋相见,是古时由北下南、通往中原的咽喉要塞。因此,历来便有"塞北锁钥""上郡咽喉"之称。如今在安塞一带,其城墙、烽火台、堡等古代战争的防御措施遗迹尚存众多。安塞自秦以来便是古代军事防卫的重地。

68 皮革概论

图3-15　安塞腰鼓及鼓槌(左图)和伴奏大鼓(右图)

据说,当时的守望士卒视腰鼓如同刀剑弓矢等兵器一样重要,是作战中必不可少的一样装备。其用途主要有鸣警、示威、鼓舞士气、传递信息等,如若在战斗中告败,也以鼓告急;如果获胜则击鼓欢庆。

"大者以瓦,小者以木类,皆广首纤腹,两头大,中间腰身小,便于拶在腰间。"这一特征说明了安塞腰鼓的类型为细腰。其制作为,腰鼓为木制鼓身,两端蒙牛皮或骡马皮,制革过程中一般选用犊牛鲜皮或者盐湿皮为原料皮,然后浸水洗去污渍,恢复鲜皮状态,再修边去肉,而后采用石灰浸灰处理和蛋白酶脱毛,要求将毛脱干净,接下来净面处理挤去皮面和毛孔中的污物,然后滚锯末进行削匀,保持皮革厚度均匀一致,最后采用防水剂、含蜡手感剂和乳化油进行防水处理,自然干燥后得到制鼓皮革。鼓身髹红漆或黑漆,有的描绘纹饰。鼓身一侧装置两个鼓环,环上系带,将鼓斜挂于腰际,双手各执一棰敲击。当鼓手叩击腰鼓时,鼓声咚咚作响,具有很强的穿透力。这就是被誉为"神州第一鼓"的安塞腰鼓,如图3-16所示。

图3-16　安塞腰鼓表演

3.3.3　皮雕作品

皮雕是在浸湿皮革上进行雕刻的。由于皮革本身具有延展性和可塑性,通过各种雕刻工具的刻蚀,可以实现对皮革的深入塑造。皮雕制作者通过雕刻的力度不同展现空间关系的层次性,使得最终所雕刻的画面具有立体感,进而呈现出浮雕的视觉感受。

欧洲皮雕艺术的创作源泉就来源自我国皮影戏。皮影戏(见图3-17)作为我国民间古代传统艺术,其实就是古代皮雕艺术的代表。据史书记载,皮影戏始于我国战国时期,兴于汉代,盛于宋代,元代时期传至西亚和欧洲。欧洲皮雕艺术最早出现在文艺复兴时期。当时的皮雕作品一度是欧洲皇室贵族专用的象征。十九世纪末,皮雕随着日本明治维新的脚步传入日本,在日本、我国台湾等地区开始为平民所熟知。改革开放后,在引入外资和生产线的同时,皮雕艺术伴随着文化交流,重新回到我国,并在我国形成了独具一格的皮雕风格。

图3-17 中国古代的皮影戏

皮雕(见图3-18)所用的皮料一般为上等的头层植鞣黄牛皮,成品黄牛皮具有较高的弹性和韧性且粒面平整,这使得黄牛皮皮雕后期保养时,即使单纯清水擦拭也无伤大雅。皮雕的主要工具有印花工具、旋转刻刀、铁笔、铜皮针线以及清水海绵等。一般皮雕主要的雕刻步骤如下,首先用硫酸纸拷贝预先准备要雕刻的图案,而后用旋转刻刀雕刻出图案,紧接着用印花工具开始敲打皮张,直到皮张出现凹凸的立体图案,最后对图案进行上色处理,进而使得皮张呈现出浮雕的效果,立体感十足。

图3-18 皮雕制作及皮雕作品

3.3.4 皮贴画作品

皮贴画(见图3-19)是用皮革作为原料,经过画、剪、包、粘、贴等工序制成的似画工艺品。制作时,图画题材均需要仔细推敲,尤其是图案中颜色的搭配。这是由于皮贴画有它的局限性,它不能和山水画,油画等通过色彩将画面在纸上画出来。而且皮的颜色较少,所以只能尽可能地采用各种色彩鲜艳的真皮,通过巧妙搭配,组成一幅幅美丽的图画。同样一张皮,颜色和纹理均有差异,而各种各样的真皮又有各自的特性,例如猪皮牛皮机械强度高,厚且硬,只能做平贴画,而羊皮质地较软,容易弯折成各种图案。

图 3-19 皮贴画作品

每一幅皮贴画的完成,都要经过各种复杂的制作程序,主要包括前期的图案颜色定稿,中间的制作环节,后期的包装装裱等。其中最重要的是中间的制作环节,直接影响皮贴画产品的质量和美感。制作过程首先要进行皮张的裁剪,皮张要稍微大于衬里,这样既能保证皮张可以包裹住衬里,同时又可以体现衬里的弯曲美感。粘贴时要将图案的尺寸量好,定位,一次成型。最后进行精细装裱,整幅画才能算最终完成。

艺术皮贴画以各种色彩斑斓的皮革为主要原料,巧用皮革的纹理与质感,采用浮雕般的设计造型,经由手工加工制作。它集装饰、艺术欣赏、收藏价值为一体,可广泛适用于居室,会议室及休闲娱乐场所的环境装饰美化。

制革行业的现状及未来发展趋势

第4章

4.1 制革行业现有问题及应对策略

4.1.1 制革行业现有问题

1. 产业结构性矛盾突出

制革工业结构性矛盾主要体现在行业结构、区域结构、企业结构、产品结构等方面。

行业结构上,各配套行业间的比例不合理,比如,制革厂和制革机械厂之间联系不紧密、比例不协调,很多情况下是制革厂需要的机器制革机械厂里没有,制革厂里的机械需要改造,制革机械厂又缺少相应的发明创新。

区域结构上,皮革企业主要分布于沿海城市及河南、河北等地,虽然华东地区、广东沿海等局部区域交通便利,但依然存在着生产成本过高等问题。另外,企业生产集中度较低,东西部发展不平衡问题也很严重。

企业结构上,无论是大企业还是小企业,都尽量使自己的企业更完整,很多企业生产工序完整,从原料皮到成品车间一应俱全,产品类型丰富,鞋面革、沙发革、汽车坐垫革等都有生产。完整型企业固然对其他企业依赖小,生存风险低,但固定资产投入大,应变能力差。

产品结构上,国内制革、制鞋等行业普遍存在着高档产品生产能力不足,低档产品生产过剩的问题。具有自己产品特色的厂家较少,产品品种相似的企业较多。

2. 制革污染问题

随着制革企业实力的壮大,皮革产量的迅速增长,制革工业产生的废弃物量不断增加,制革工业对环境的污染问题日益突出。目前,国内企业的污水处理投入较低,皮革行业的可持续发展面临严重考验。推广清洁生产技术和完善废弃物处理技术是制革企业解决污染问题的重要举措。

制革行业的污染主要来源于制革"三废"——废水、废渣、废气。制革废水是制革行业的主要污染物,制革废渣的污染也比较大,制革废气的排放量非常少,污染也最小。

制革清洁化治理成本较高,要使制革废水排放达标,制革企业必然要投入成本。另外建设废水处理设施需要场地,有些中小型制革企业更不可能投资土地用来建设污水处理厂,还有污水处理设备的运作又是一项不小的费用,污水处理专业的人才也不足,等等。一些中小型制革企业难以承受以上问题,因此我国制革清洁化还有很长的路要走。

3. 制革工序水资源用量大

制革工业废水包括含铬废水、脱脂废水、含硫废水和综合废水。含铬废水特征污染物为总铬,需单独收集进行脱铬处理达到相应排放标准后再进入污水处理站;脱脂工序产生的脱脂废水和脱毛、浸灰工序产生的含硫废水分别含有大量动物油脂和硫化物,推荐单独收集预处理后再汇入综合废水;综合废水主要污染物包括CODCr、BOD5、氨氮、总氮、总铬、氯离子等,需进入污水处理站处理达标后排放。

另外我国整体水资源量虽然丰富,但人均水资源量不足,很多地方缺乏水资源,节约用水刻不容缓。制革行业用水量大,废水排放量较多,造成了水资源的大量浪费,因此开发节水工艺和废水循环利用系统刻不容缓。

4. 资源回收利用率低

目前,制革成品的资源利用率低,仅20%～30%。虽然制革固体废料、边角废料和使用后的废弃革产品等,都有一些回收利用的方法,如废弃革制成农作物肥料、家畜饲料;废弃革制品回收做成再生革、制作工业用胶,甚至回收炼油等,但有一些废弃革被当作了垃圾处理,污染了环境。

5. 自主创新水平有待进一步提高

目前,国际上的先进制革工业国家,都具备很高的科研能力。在皮革清洁化技术、专用机器设备和配套工艺的开发研制、皮胶原的充分利用、生物酶开发利用等方面有很多研究成果。我国皮革行业以企业为主体的创新体系尚不健全,企业创新意识和能力不强,研发投入比重偏低,基础性研究和前瞻性研究投入不足,新产品销售比重不高,创新人才匮乏,产出效率不高,科技成果转化率较低,行业合力攻关能力不足,在诸多环节掣肘之下,行业发展和转型升级受制。2022年,皮革行业规模以上企业研发(R&D)投入强度1.03%,低于全国规模以上制造业工业企业1.55%的平均水平。

6. 企业成本不断增加,利润空间受到挤压

当前,劳动力等各类要素成本持续增加,且受制于市场供大于求、国内外市场竞争加剧等因素,企业销售终端难以通过提价来消化增加的成本;环保政策不断收紧,企业用于环保治理、清洁化生产、环保管理等的费用也不断增加;融资条件严苛,融资难、融资贵等问题仍然困扰企业。以上诸多因素加重了企业的成本负担,也使得企业盈利水平下滑,利润空间受到挤压,影响行业健康发展。

7. 品牌影响力整体较弱,品牌附加值较低

目前,尽管安踏、百丽等已经成为有一定国际影响力的品牌,但我国皮革行业品牌影响力整体仍然较弱,家喻户晓的知名品牌不多,有国际影响力的品牌相对较少,在全球价值链中基本处于中低端水平。品牌附加值较低,产品设计理念、时尚引领能力和核心制造技术与国际先进水平仍有一定差距,文化内涵和品牌积淀欠缺,在国际竞争中难以占据主动,尤其是箱包、皮革和毛皮服装等行业,大部分企业仍然以代工贴牌为主。企业创知名品牌受销售渠道单一、市场覆盖面窄、宣传投入大的影响,持续效果不强;受供给侧结构性改革的影响,消费需求和消费特点发生快速变化,很多品牌难以跟上市场多元化和消费需求的变化,缺乏引领市场、引导消费的能力,发展滞后。

8. 数字化、智能化水平较低,规模化生产优势难以体现

随着互联网的高速发展,信息技术突飞猛进,很多企业都实现了生产数字化智能控制,如造纸、印刷等。皮革行业自动化、智能化水平有所提升,但整体来看仍有很大的提升空间,自动化生产的普及程度还不高,智能化推进速度和水平偏低,一些高端的自动化、智能化装备更是依赖国外进口。主要原因是产品标准化程度不高,使得规模化生产优势难以体现,进而导致设备投入回报周期长;为行业提供自动化、智能化设备的企业相对较少,设备价格普遍偏高,导致企业购置自动化、智能化设备前期投入大,投资意愿和能力不足,以上诸多因素给自动化、智能化生产的普及带来较大的阻力。

9. 国际贸易保护主义的阻碍

当今世界全球一体化发展迅速,世界贸易多元化发展,随之而来的是国际贸易摩擦频发,特别是欧美国家奉行的贸易保护主义,使得皮革行业在国际贸易中处于不利位置。如美国对我国采取贸易制裁,导致皮革出口下滑,影响了皮革工业的发展。

4.1.2 制革行业现有问题的应对策略

1. 优化区域结构,增强集群竞争力

从行业结构上来说,加强行业内各配套行业间的联系,使得皮革机械、皮革化工与皮革生产紧密结合在一起。一方面是皮革机械厂能生产出满足皮革厂所需要的设备,并能根据皮革厂的需求进行创新改造;另一方面是皮革化料厂能给皮革厂供应性能稳定、价格低廉、原料充足的化料。这样不仅能改善行业内部供需关系,而且有利于皮革行业的发展。

从区域结构上来说,我国制革行业在发展过程中,仍存在着生产集中度较低,企业数量多、规模较小,东西部发展不平衡等问题,未来制革行业将继续深化东部地区的转型升级、提质增效,引导产业向中西部逐渐有序转移,利用区域优势资源,优化产业格局,促进全国各区域协调发展。

从企业结构上来说,协作型企业能很好地解决完整型企业投入大、应变能力差等问题。协作型企业是指那些可以相互协作的企业群体,这种企业的规模不大,但是其专业化程度高,对外界条件变化的应变能力强。

从产品结构上来说,制革行业应以大企业为中心,中小企业进行专业化分工,形成相互配套产品,上下游资源向产业集群聚集,使大中小企业明确自身定位,发挥各自优势,突出产品特色,增强行业差异化竞争力。

2. 制革生产清洁化,发展生态皮革

习近平总书记在党的二十大报告中指出,"必须牢固树立和践行绿水青山就是金山银山的理念,站在人与自然和谐共生的高度谋划发展。"制革行业有一定的污染,不进行清洁化生产就不能够持续发展,制革清洁化生产是制革企业迫在眉睫的任务。制革清洁化生产主要表现在三个方面。

首先是生产原料的清洁化。利用清洁、高效的能源和原料,以原皮保藏为例,我国大多数企业储存原料皮都采用盐腌法,虽然这种方法成本低、保存时间长、操作简单,但盐腌法对环境污染很大,又由于氯离子在废水中稳定存在,处理非常困难且费用高,因此开发新型储存原料皮的技术非常重要。

其次是生产过程的清洁化。如末端治理中含硫化物的灰碱脱毛废液的处理方法很多,如酸化吸收法、生态治污法、酸锰催化氧化法等。保毛脱毛灰碱液循环利用技术在制革过程中产生的废液量较大,已有相关技术可以对制革废液进行回收利用,制革废水经多次处理循环后可直接排放。

最后是生产出来的产品清洁、环保。最近几年,溶剂型涂饰剂正在逐步淡出市场,因为溶剂型涂饰剂容易挥发在空气中,污染大气,且存在含有致癌物质,不环保,难以清理等问题。现在制革企业都采取了水性涂饰剂,皮革产品变得环保、清洁。

生态皮革的概念体现在以下四个方面:皮革在生产制造过程中不造成环境污染;皮革加工过程无毒无害;皮革使用过程中对人体无毒无害;皮革产品可以被生物降解,且降解产物不会对环境污染。

3. 加强基础研究,改良制革工序

制革过程中包含了多种交叉学科,动物皮变成革的过程又有多种变化。因此制革过程十分复杂,加强制革工业基础研究成为实现制革清洁化、自动化、工序精简的重要课题。相信未来可以实现直接利用胶原纤维来制造成品革。目前解决制革工序繁琐问题还有难度,但很多工厂都通过使用高效皮革化工材料,在鞣制后直接复鞣、染色、加脂,来简化工序。

4. 废水工业化循环利用

无浴、少浴法制革能大大减少用水量,但由于目前工厂所用的转鼓不适合于无浴、少浴工艺,尤其是容量大的转鼓,如果采用无浴、少浴工艺,则需要较大的转动功率,而且会使皮面摩擦严重和皮张缠绕等问题,导致产品质量下降。因此只有个别工厂在特殊工序中使用,没有大规模推广。采用Y型转鼓,可以实现无浴、少浴工艺,能节约用水和提高产品质量,具有一定的发展前景。

浴液循环利用工艺既能减少污染,也能节约用水。其中灰碱液循环利用和铬鞣液循环利用都是经实践证明可行的工艺。目前,部分企业使用相关工艺,并且取得了良好的经济效益和社会效益。但由于浴液循环利用工艺在控制管理方面需要专门的技术人才投入,大多数制革企业没有采用,未来浴液循环利用工艺很可能得到推广。

制革废水回收利用是实现制革清洁化生产、达到制革废水零排放的重要举措。虽然制革污水处理达标后,还不能完全实现回收利用,但废水的回收利用是实现皮革工业可持续发展的一个方向。目前已经有部分制革企业开始利用回收处理后的废水,主要用于洗皮、原料皮的回软、浸水、浸灰等工序。从技术可行性角度分析,制革废水的全面回收利用,必须和清洁化生产和资源回收利用结合起来,将浴液中的蛋白质、盐类等其他物质含量降到可以循环

利用的范围,再进行相应处理,才能完全实现废水的全面回收利用。

5. 制革废弃物资源化工业化利用

在化学材料方面,制革废弃物经过剪切、粉碎等程序加工成铬蛋白液,然后用其和丙烯酸及其酯类单体进行接枝反应,得到效果明显的制革复鞣剂填充材料。也可以用制革废弃物在酸性条件下水解,生成蛋白水解物,再与玉米淀粉、聚丙烯醇等聚合物共混,可用于修复贫瘠、退化的土壤,但必须注意避免制革废弃物对土地带来二次污染。

在建筑材料方面,制革污泥中含有大量的铬,直接丢弃会对土壤造成污染。可以将制革污泥经过物理、化学处理,加工成陶瓷、砖块等材料。有研究利用制革污泥、黏土和钢铁厂碱性熔渣混合后,在1000℃下煅烧,制作成陶瓷。经检测,其中的多种重金属离子浓度均低于极限浓度。脱水后的制革污泥以水泥作为结合剂,石灰、煤渣等作为添加剂,经高温烧制成砖块,成品有优于黏土砖的保温功能和隔音性能。

制革污泥中含有大量的氮、磷、碳等元素,将其制作成农业肥料,不仅能减少制革污泥对环境的污染,而且能增加土地肥力,促进植物生长。动物皮废弃物可以通过水解反应,生成富含氨基酸和微量元素的水解产物,可用作公园绿地、林地等需要复垦土地的肥料。

6. 加大创新投入,提高皮革工业竞争力

科学技术是第一生产力,我国皮革工业的发展趋势,很大程度上取决于制革行业对创新研发的重视、投入力度。目前,我国皮革工业发展理念有待提升,研发设计能力不足,创新投入不够重视,缺乏产品核心竞争力,这些方面严重制约了我国制革企业的创新发展。

因此,我国制革行业必须转变发展理念,以创新驱动发展,要以创新为支撑,加速产业结构优化升级。目前,我国制革行业应从加快推进生产过程清洁化改造、加大制革关键技术攻关、革新制革工艺设备、从根本减少污染物产生等方面处理皮革发展中存在的问题,同时借鉴其他学科行业的新技术、新材料加大创新力度,借助互联网技术促进皮革生产数字化、皮革市场网络化、皮革工序智能化,不断提高我国皮革工业在全球皮业的竞争力。

7. 质量为先,加强智能制造

目前,我国制革行业整体中低端产品过剩、品牌附加值较低、品牌影响力偏弱。因此企业应加强质量管控,从原料皮的采购,到皮革产品的生产,发展精品制造,深入开展质量全面管理。面对国内中小企业产品附加值较低,自动化改造难以进行,生产效率低下,产能落后等问题,制革行业应以质量为先,以智能制造为着力点,提高劳动生产率,提高行业整体竞争力。

8. 打造自身品牌,提高国际影响力

随着世界经济的全球化,我国皮革行业和世界交流频繁,很多企业积极参与国际竞争,扩大企业影响力,提高产品的知名度和品牌影响力。越来越注重品牌优势已经成为大型制革企业的共识,在参与国际市场竞争以及各种活动和事务中,品牌的影响力越来越明显。未来,我国制革行业会继续加深与世界制革企业的交流,不断提高自身品牌影响力。

9. 掌握应对贸易摩擦的技能

自从我国进入WTO后,国际贸易摩擦事件频发,我国的皮革工作人员应积极掌握国际贸易的相关知识。例如遭到反倾销申诉时,应该怎样处理;如何申请市场经济地位;更应该掌握反倾销程序的时间表等。皮革企业应善于利用规则保护、发展自己,不断提高企业的抗风险能力和整体素质。行业还应该培养既懂皮革专业知识、又懂英语和国际贸易知识的商贸人才,加快皮革行业的发展。

4.2 皮革工业未来发展趋势

4.2.1 先进制造与皮革工业

传统皮革行业一直以来都是我国轻工业的支柱性产业,为我国经济发展做出了巨大贡献。近年来,随着环保压力的日益增加,传统皮革行业面临着污染物排放、附加值低等问题,已极大程度地限制了行业的健康、持续发展,传统皮革行业势必要升级转型,这就需要我们寻找新的出路。"先进制造"已成为国家战略发展重点,而在《先进制造2025》中也专门提到了传统皮革可持续发展的重要方向。由此可见,传统皮革应契合国家发展战略,充分与先进制造相结合,提升皮革品质与价值,也是皮革行业可持续发展的必经之路。

1. 皮革行业的智能制造

新一轮科技革命引发产业深度变革,"互联网+"、大数据、云计算、人工智能等前沿科技日新月异,我国皮革行业转型升级迎来机遇。"互联网+"加快应用催生皮革制造业模式创新。工业4.0的时代已经到来,围绕智能工厂、智能生产等,每个行业都有翻天覆地的变化,皮革制造业该如何发展?皮革制造业应加深与以互联网、物联网、大数据、云计算为代表的新一代信息技术的融合,全面改造研发、生产、管理、供应链、物流、营销等各个环节,促进设计过程、制造模式、营销模式创新,为产业创新发展提供有力支撑。我国先进制造创新模式目前主要有以下两种:首先是创新商业模式,建立柔性供应链系统,发展基于脚型、身型大数据的批量定制、个性化定制等智能制造模式,使产品向多品种、中小批量方向发展。例如,红蜻蜓鞋业已经开展消费者个性化体验以及信息大数据搜集分析等功能,开启个性化定制系统,开创全新测量概念,运作定制手工坊,成为国内首家应用3D量脚制鞋技术的品牌。新鲜的电商模式用户群体慢慢建立,消费者的购物习惯逐渐养成。其次是发展智能制造模式,智能制造(intelligent manufacturing,IM)是智能技术与制造技术的融合,是一种由智能机器和人类专家共同组成的人机一体化智能系统,它在制造过程中能进行智能活动,诸如分析、推理、判断、构思和决策等。通过人与智能机器的合作共事,扩大、延伸和部分地取代人类专家在制造过程中的脑力劳动。智能制造把制造自动化的概念扩展到柔性化、智能化和高度集成化。其中,智能化是制造自动化的发展方向,在制造过程的各个环节几乎都广泛应用人工智能技术。专家系统技术可以应用于工程设计、工艺过程设计、生产调度、故障诊断等。

皮革行业智能制造日益成为未来发展的重大趋势和核心内容,也是加快发展方式转变,促进皮革工业向中高端迈进的重要举措,同时也将是皮革行业在新常态下打造新的国际竞争优势的必然选择。智能制造可以显著加快皮革企业技术改造,应在皮革冲孔、划料、切印、改色、喷涂、激光雕刻、刺绣、缝线、打标等环节推广"机器换人",提升数控皮革切割机、数码打印、皮革智能裁剪机器人、皮革切印机、智能皮革湿度测定仪等智能装备的使用比例。

目前,整个智能制造模式的重点主要有两个方面:一是需要一个设备支持智能制造;二是需要一个新的流程。我们都知道制革是一个传统轻工制造行业,现在很多制革厂对皮革的利用率比较低,当前正在开发使用智能化皮革加工,通过电脑运算排版,可以大大增加皮革的利用率,同时减少对技术人员的过度依赖,实现皮革工业发展的智能化、自动化和节约化。

尽管智能制造在皮革行业方面的应用相对较晚,但在制鞋领域已经取得了突破性进展,国内外目前较为典型的智能制鞋生产线案例如表4.1所示。此外,仍有不少皮革化学品公司已经实施或者正在准备实施智能制造。浙江盛汇化工有限公司实施了"年产1.25万吨皮革复鞣剂产品及4000吨助剂产品"的DCS自动化控制生产线项目,关键生产工序全部实行计算机辅助控制。该公司预计再投资新建一条喷雾干燥生产线,用DCS自动化控制,实现机器换人的现代化生产模式。梅花皮业有限公司提出设备先进化、过程自动化、生产安全化的原则,指导清洁化生产改造工作。企业投资1000多万元进行了生产自动化改造,提高了工作效率和资源利用率,减少了污染物的产生,改善了工作环境,保障了员工的健康,降低了操作风险。福建冠兴皮革有限公司同样预投资了1200万元,进行石狮汽车内饰智能制造生产项目的建设,通过自动化控制,将厂区阀门、泵类、控制系统、仪器、仪表等进行自动化管理,在显著提高生产效率的同时,减少了人员投资,全密封环境防止了化料对环境和工作人

表4.1 制鞋传统产线与智能产线的效益指标对比

企业名称	项目	传统产线	智能产线
华宝智能科技有限公司	用工人数	66	8
	产品合格率	96%	99.9%
	产品返修率	5%	0.5%
	外观质量合格率	96%	100%
	胶线精度	≤±1 mm	≤±0.5 mm
	胶水耗费	0.95元/双	0.7元/双
赛纳集团有限公司	用工人数	27	12
	单双鞋用时	3天	几分钟
	产品合格率	95%	99.9%
黑金刚科技有限公司	用工人数	148	38
	产品合格率	95%	99%
东莞市天强鞋材有限公司	用工人数	18	3
	鞋底成型方式	二次成型	一次成型
	单线产值	400多万	1亿

78 皮革概论

员的危害。

随着国内制革企业的大型化,生产力集中化,智能制造已经是各个企业直面的选择。如隆丰、大众、大桓久、兴业、中辉等国内大型制革企业都在逐渐购进先进的自动化生产设备,构建半、全自动化的生产线,有效提高了公司生产效率。相信随着不断加大发展力度,这些皮革企业会以更快的步伐进入智能生产时代,为中国皮革业在世界范围内提升强有力的竞争力。

2. 3D 打印皮革

3D 打印,又称之为快速成型、快速制造、实体自由制造等,是一种将虚拟的实体模型数据转换成物理实体的过程。它是一种快速成型技术,以数字模型文件为基础,运用粉末状金属或塑料等可黏合材料,通过逐层打印的方式来构造物体。3D 打印技术最早出现于 1980 年,但我国对 3D 打印技术的研究始于 1994 年,并且直至 2012 年才由幕后走向台前,进入人们的视野为大众所熟知。近些年,它以极快的速度覆盖多个产业区域,不仅缩短了制造时间,减少了制造工艺,还具备传统制造业无法比拟的优势。3D 打印通常是采用数字技术材料打印机来实现的。简单来说,该技术就是按照数字积分的思路进行逐层加工,基本过程包括 CAD 建模、分层制造、后处理,其流程示意图如图 4-1 所示。

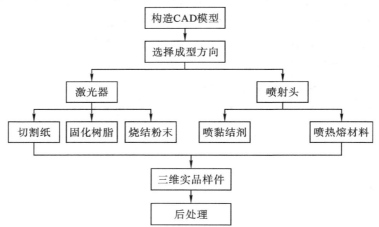

图 4-1 3D 打印流程示意图

3D 打印又被称为制造业的第三次革命,其优势是能提高原材料的利用率,降低废弃料对环境的污染,减少资源浪费,缩短产品从设计到生产的周期,与传统技术相比,它显示出高效率、低成本、小体积、少污染、耗材低、更便捷以及精度高等优势。经过这几年的发展,国产 3D 打印设备用户已经遍布航空航天、军工、医疗、汽车、电子电器盒、造船、服装、食品及工艺品等领域。常在模具制造、工业设计等领域被用于制造模型,后逐渐用于一些产品的直接制造,如应用于航空、汽车、船用等零部件的打印。奥迪采用 Stratasys J750 全彩多材质 3D 打印机打印出完全透明的多色车尾灯灯罩;而布加迪汽车采用 3D 打印技术制造钛合金制动钳;戴姆勒则采用 3D 打印技术制造火花塞支座,其实物样品如图 4-2 所示。此外,3D 打印技术还用于航空零部件的制造,图 4-3 所示为 3D 打印技术制造的零件样品图。

 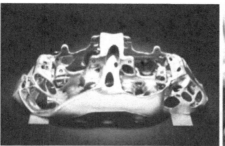 

(a) 奥迪3D打印车灯灯罩　　　(b) 布加迪汽车3D打印钛合金制动钳　　　(c) 3D打印火花塞支座

图 4-2　汽车零部件

  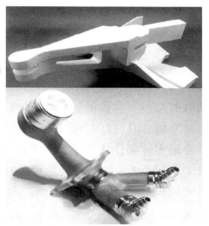

图 4-3　3D打印技术制造航空零部件

对于皮革行业,积极运用3D红外脚型扫描技术、3D打印技术、皮革智能排样系统等,能够有效缩短皮革设计、制造周期。但至今为止,全世界范围内仍还没有成功将3D打印技术应用于皮革加工的全过程,尽管已经有公司和相关研究人员做了大胆尝试,且已有报道将3D打印技术应用于皮革制造,从而实现节约资源、改善环境,快速有效地制造出精密、个性化的皮革产品。

(1) Modern meadow 公司细胞打印皮革。一直以研究组织工程的生物制造为重点的全球著名公司 Modern meadow 通过细胞打印实现了皮革制造。其主要包括5个过程:第一步,从动物组织中提取细胞,也可对该细胞进行基因改性;第二步,在生物培养器中繁殖细胞,然后用离心机去除细胞中间产物,再混匀细胞使细胞融合成簇;第三步,用3D打印技术逐层打印细胞簇;第四步,把打印出来的产品放入生物培养器里培养,刺激胶原蛋白的产生;最后,细胞培养液中的营养物质在几个星期后消耗殆尽,皮肤组织便成为兽皮。该打印技术生产一平方英尺的皮革只需一个半月,整个过程不用畜养动物、宰杀动物,也不用经历复杂的皮革鞣制工序。总体而言,不仅降低了人员耗时、材料用度,更减轻了环境压力。

(2) 3D打印技术应用于时尚皮革的仿生设计。已有报道称可将3D打印技术融入时尚皮革的仿生设计中,通过设计、绘制草图、建模、打印、开模、手工加工、机器加工等几个步骤来实现皮革成品制作。其中,设计、建模和模型打印三个为重点步骤,最后将模型进行开模处理,翻出模壳后再进行手工加工,得到成品。其打印过程、模型及成品效果图如图4-4所示,该技术可以轻松、快速、准确地打印出复杂的造型。

(a) 3D打印过程　　　　　　(b) 打印出的模型　　　　　　(c) 成品效果图

图4-4　3D打印技术应用于皮革产品制造

(3) 利用制革行业边角料打印皮革。传统的皮革加工是一个会产生废弃物的行业,这包括鞣制之前不含铬的胶原,如原皮修下的边角料、灰皮块等,以及蓝革削匀、修边等生产的含铬废弃物。3D打印技术的发展还为皮革边角料的再利用提供了一种全新的技术方向。箔材叠层实体制作快速成型技术(LOM)和三维印刷(3DP)技术都可应用于边角料的再利用。由于LOM技术的原材料为片状材料,并利用黏结剂黏合后再进行切割,这无疑限制了边角料的面积,也会产生二次浪费。而使用3DP技术打印皮革,不需要整片皮革,也不会造成二次浪费。

3DP技术一般是通过CAD模型,使用普通喷墨打印头,利用液体黏合剂来黏合松散粉末并使之成型,该技术操作简便,打印过程温和,产品具有高孔隙率且原料应用范围相对较广。但是3DP技术对原材料有一定的要求,原材料应为粉末状材料。首先,要选择能快速成型且快速成型性较好的粉末材料。粉末粒径大小根据所使用打印机类型及操作条件的不同,可以从 $1~\mu m$ 到 $100~\mu m$,粒径大则干燥较快,并且有利于液体黏结剂渗透,但对每层厚度有一定限制;粒径较小则黏结性高,表面粗糙度低,层厚度小,对3DP技术所用的粉末粒径和形状优缺点对比如表4.2所示。成型粉末部分由填料(皮渣粉末)、黏结剂(有机黏结剂使用范围较广,目前常用的是丁酸醛树脂、聚合树脂和聚乙烯类)、添加剂(一般根据皮革性能要求选用,例如颜料加脂剂等)等组成。综上所述,利用边角料打印皮革,选择合适的粉末粒径、黏结剂以及助剂对成型产品的力学性能和外观性能都有很大的影响,然而这仍需大量的试验。

当前的政策和环境压力对制革工业提出了更高的要求,能源紧缺对制造业的制约日益加剧,制革工业必须借鉴现代新技术、新理念和新的管理体系,在此基础上不断增强自主创新能力,实现人与自然协调发展,提升附加值和国际品牌竞争力,实现由制造大国向制造强国的历史跨越,这也需要相关学者和研究人员的不断努力。

表 4.2 3D打印成型粉末粒径形状对比

	状态	优点	缺点
粒径	大粒径(>20 μm)	干燥较快,表面能低,空隙大利于黏结剂渗入	在一定程度上限制了每层的厚度
	小粒径(<5 μm)	烧结性高,表面粗糙度低,层厚度小,较小的小尺寸效应	在沉积过程中容易漏出
形状	球状	易于流动,较低的相互作用力	—
	片状/不规则形状	可能增加填充比	较高的相互摩擦力

4.2.2 高价值皮革的发展

高附加值产品就是具有较高经济效益的产品,而具有较高经济效益则大多科技含量也相应较高。真皮产品能体现皮革天然独特之美,成革风格富有时代感,为广大消费者所喜爱和推崇,从而获得较好的社会效益和经济效益。不断赋予皮革更高的价值一直是皮革行业研究的热点。在此,我们将从真皮服装、皮鞋、真皮沙发、汽车坐垫以及新兴功能型皮革入手为大家介绍高价值皮革的发展趋势。

1. 真皮服装及皮鞋的发展

根据使用领域的不同,皮革应具有特定的性能,服装革的基本机械性能包括均匀厚度、断裂张力、断裂力和面积伸长率,而使用特性应涉及透气性和透水汽性、洗涤和干洗特性、颜色稳定性、抗重复折叠(弯曲)、涂饰附着力(耐摩擦)以及耐热和耐寒稳定性等。此外,服装革品质不仅通过其机械和功能属性来定义,而且还应考虑材料的美学外观和质量,以及适当的悬垂和形式的视觉效果。

服装革多以黄牛皮、山羊皮、绵羊皮、猪皮等为原料,通常用铬鞣法制作,有正面革、绒面革和毛革两用之分(见图4-5)。大多服装革是染色的,除绒面革及个别不涂饰革外,多数需经涂饰。服装革是软型革,按品种不同其厚度多为0.5~1.1 mm。共性的质量要求是穿着舒适、耐用、美观,如图4-6所示。服装革的面积以大为佳,这样可提高成衣出裁率,减少拼缝。我国皮革服装的生产已向品种多样化及各种裘皮制品方向发展。人们在选择皮革服装时,已不再只简单关注其功能性,而是更注重服装革的舒适性和时尚性,侧重点也由过去的过分强调皮革强度和耐用性能转化为对美感的关注,皮革服装的做工和五金配件的搭配也日益得到重视。重涂饰转变为不涂饰或轻涂饰。此外,手感舒适且纽扣图案别具一格的毛革服装更是得到了消费者的青睐。随着纺织、服装生产技术在高效化、自动化、智能化方面的进展,发达国家已实现了皮革服装加工企业的全面升级。虽然我国皮革服装工业经过二十多年的快速发展,已逐步成为世界上公认的皮革服装生产大国,但是目前,我国皮革服装的生产技术还相对滞后,仍未脱离劳动密集型产业,科技成果的推广仍存在许多困难,皮革服装的生产质量与国际标准相比仍有差距,而人们对皮革制品的需求无论在数量上还是在质量上都有了更高的要求,特别是城市居民的消费更加注重个性化、舒适化、品牌化和时尚化。这些各种挑战已直接影响我国皮革服装生产企业的生存和皮革服装市场的发展。

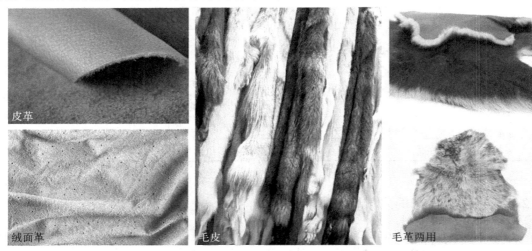

图 4-5　正面革、绒面革、毛革

图 4-6　皮革、毛皮、毛革一体服饰

目前我国皮革服装业的发展现状主要如下。

皮衣的需求减弱,不再被视为"理想选择"。消费者认为"皮衣较重且显得老气""打理困难,机洗可能损坏,年轻人不愿手洗"以及"天气冷时羽绒服更方便,皮衣不实用"等。这些观点反映了消费需求减少的部分原因——皮革服装与当前消费需求不太匹配。当前服装消费趋势已发生巨大变化,然而皮衣优质面料的特点和优势未得到足够展示,一些消费者心中仍有沉闷、沉重、过时等负面印象。

市场上缺乏新产品,导致主导产品生命周期缩短。每个阶段皮革服装都能迎合市场需求,如早期的尼克服、皮毛一体服、皮革羽绒服、各种皮毛混搭服装和派克服等。然而,现在的皮革服装产品只是简单地变换款式,在款式和性能上缺乏创新,未能丰富产品内涵,形成新的主导产品。

品牌与非品牌竞争。线上市场为众多小规模和非品牌企业提供了展示和销售的平台,这些企业由于成本较低,往往能够提供更具竞争力的价格,而传统品牌企业由于品牌维护、质量控制等成本较高,价格上难以与非品牌企业竞争。同时,一些劣质或假冒伪劣产品可能会混入市场,给消费者带来极差的消费体验,这种不良体验不仅影响消费者的信任,也可能对整个行业的声誉造成损害。

生产布局不够合理。就皮革服装生产来看,我国皮革服装生产行业的主体是乡镇企业和私营企业,其中90%是中小型乡镇企业。虽然皮革服装生产已经形成了一定的基础,但各地区的发展很不平衡。皮革服装业出现:企业资金不足、企业间协作差、生产集中度低、出口产品仍为粗放型、产品附加值低、产品品种单一等问题。

绿色贸易壁垒。我国服装企业因有低廉的劳动力优势,产品成本相对低。在出口时对进口国造成一定的冲击,导致进口国针对我国企业采取环保绿色贸易壁垒、反倾销、特别保障等贸易保护手段。尤其是欧美等国纷纷通过提升环保、技术和行业标准,抬高我国皮革服装产品进入欧盟的门槛。而当前经济的主旋律是绿色生态经济。谁提前采取绿色战略,谁就能在全球的竞争格局中占据主动。

针对以上存在的问题,未来我国皮革服装业发展趋势主要体现在以下几个方面:

加快技术更新、提高竞争力。与发达国家相比,我国皮革服装业在劳动密集型产业中占有较大的优势,但要实现从产业优势向竞争优势的升级,关键在于培育企业的核心竞争力和技术创新优势,实现从单一产品、单一类型向多品种、多类型、高科技含量、高附加值跨越。

发挥文化优势,创造世界名牌。设计创新、款式翻新、时尚引领、潮流推动,这已经成为一个国家服装行业的运营灵魂。中国皮革服装业也要争取引领时尚,我国有着极为丰富的历史和文化,通过发掘我国的优秀传统文化也是一条捷径。我们并不排斥为国外的品牌代工,或者借助国外的知名品牌进行发展,但是中国要有自己的皮革服装品牌。企业只有借助品牌的力量才可以形成具有无限活力的无形资产,在市场竞争中发挥巨大的作用。

建立技术标准,提高环保意识。当前世界经济的主旋律是绿色生态经济。在面临国际贸易绿色壁垒的新时期,"真皮标志""真皮标志生态皮革"标准的出台,已经成为我国皮革服装行业应对国际贸易纠纷的有效手段之一。此外,我国还特别强调了对皮革生产过程要采用合理的清洁化生产技术,以及终端污水治理排放达标的环保要求。只有高举环保大旗,走可持续发展的道路,才能真正使中国皮革服装业在国际市场上立于不败之地。

皮鞋在中国古代历史中就已存在,从赵武灵王的"胡服骑射"引入皮鞋至"孙膑困顿以皮靴代脚",以及"革履不适大夫",皮鞋在中国古人脚下的一方天地之中,为我们留下了太多鞋尖上的历史与文化。随着改革开放的潮流,中国承接国际制鞋业的产业转移,一跃成为全球最大鞋业生产中心和销售中心,形成了十分完善的产业链和产业发展平台。但是由于原材料价格高、人民币升值和劳动力短缺等影响,造成我国皮鞋行业的发展面临巨大的阻力,实现产业升级和产业转换,引导企业走向产业的高附加值已刻不容缓。

皮鞋行业也属于服装行业,就我国皮鞋行业发展的特征来看,其发展也有服装行业所面临的共同问题,换季速度快,样式更新迅速,周期性较短,此外还受到运动产品和文化冲击等影响。皮鞋的平均销售周期约为半年,周期性较短,有利的一面是能够增加顾客的需求量,进而推动行业的发展。弊端是较短的销售周期很难形成固定的客户群体,同时客户的选择也较多,在一定程度上又会降低销售量。在消费特性上,如今的人群消费升级,皮鞋的功能已经发生改变,由最初的单一保护转变为消费者个性的表达,这推动行业向时尚化和健康化迈进,相应的企业在皮鞋的设计和制作上考虑的因素也应更加多、更加全面,这样才能赢得消费者的喜爱。

2. 真皮汽车坐垫及真皮沙发的发展

尽管鞋面革和服装革在未来的皮革产品构成上仍然为主导产品,但家具革、汽车坐垫革的比重也将提升。全球范围内,汽车和家具内饰行业正维持甚至促进着中国企业行业对皮革的需求。黄牛皮、水牛皮头层汽车坐垫革、沙发革,牛二层汽车坐垫革、沙发革,不但在内销市场受欢迎,产品还远销国外。可以毫不过分地将汽车坐垫革和家具沙发革项目投资称之为拉动近些年国内制革经济发展的两驾马车。

随着汽车行业的发展和家私业的繁荣,汽车坐垫革需求越来越大。新一轮制革周期的上升,产业结构的调整都跟其有关,许多企业因此获得了快速而长足的发展,完成了"由小而大、由大而强"的转变。中国是目前世界上最大的汽车市场,随着车市的繁荣,汽车制革的商机也被越来越多的皮革企业所关注。这意味着需要使用更多的生皮和成革,中国汽车制革的发展前景一片光明。汽车皮革最大用量首先是汽车座椅,各种汽车坐垫革如图4-7所示。据预计,汽车座椅中使用皮革的比例约为三分之一。汽车坐垫革在使用过程中首先具有易于清洗的优点,就像皮夹克一样,如果表面变脏了,只需用抹布擦拭一下即可,若遇到黏性较强的污物,可使用清洁剂类产品进行快速清洁。其次因为汽车坐垫革采用的是动物皮,它的散热透气性能良好,特别是在炎热的夏天,拍几下就能把热气散掉,展示出了其特有的优势。

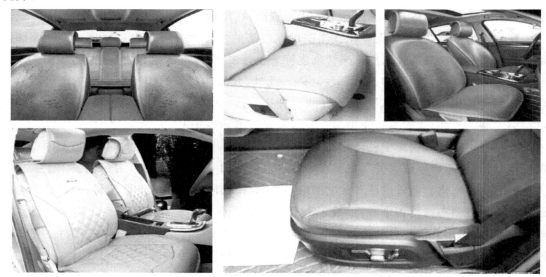

图4-7 各式真皮汽车坐垫革

自入世以来,中国的汽车销量一年上一个台阶。中国汽车坐垫革在2001年前几乎还是从零开始的起步阶段。从无到有,中国汽车坐垫革生产仅有短短的三四年时间,但已获得了长足发展。以中国轿车年产量的50%使用真皮坐垫计算,年需用高级真皮坐垫革超过两亿平方英尺,折合牛皮500万张以上。浙江卡森集团因此成为国内制革行业的领头雁,主导产品沙发用牛皮装潢革为国家级新产品,汽车坐垫革成功为大众等世界汽车生产大公司配套,产品已出口美国和西欧市场。浙江圣雄皮革有限公司是一家集原皮生产及加工为一体的现代化大型企业,与四川大学联合开发国家"863"计划"清洁化制革生产技术"项目,成功研制出无铬鞣系列牛皮产品。通过几年的发展,现生产的三大系列产品畅销全国各大皮革市场,公司现已跻身国内同行前列,成为国内最大鞋面革生产基地之一。

除了一些制革厂专业制作汽车坐垫革之外,更多制革厂同时在生产家具沙发革和汽车坐垫革。天津市隆顺制革有限公司年生产达一百八十多万平方米,产品除了沙发革、服装革和鞋面革之外,最重要的就是各种汽车坐垫革。淄博大桓九宝恩、乐山振静等国内家具沙发革重点企业,无不把汽车坐垫革作为一个重要的项目来开发。类似的企业还有温州明新、无极可诺等。

随着国产品牌汽车的兴起,尤其是在新能源车市场的强劲表现,国内自主汽车品牌的销量持续增长。这推动了汽车内饰材料,尤其是汽车革的需求,因为消费者偏爱真皮配置。因此,汽车内饰皮革的需求在过去两年显著增加,成为制革行业的一个亮点,并成为新的经济增长点。据统计,2021年,我国汽车革的产量达到了3600万平方米,占据了当年我国重点企业轻革总产量的6.03%。甚至有汽车坐垫革厂商表示,汽车坐垫革市场已经成为革制品市场的第二大细分领域。

再说沙发革,沙发事实上是软体家具的一部分,全真皮沙发除沙发底面底部外,外表全部使用天然动物皮革包覆。真皮沙发是采用动物皮,如猪皮、牛皮、羊皮等,经过特定工艺加工成的皮革做成的座椅,各式沙发如图4-8所示。由于天然的皮革具有透气、柔软性、美观

图4-8 各式各样的天然皮革沙发

舒适等功能,因而用它来制成座椅,人坐起来异常舒服,也非常时尚。一套时尚的真皮沙发摆在客厅里,还显得美观、高贵、大方,彰显独特品位。

有关家具革市场的调查报告显示,皮革用作家具的被覆材料(如坐垫和外套等)已在世界上许多地区,尤其是西欧和北美流行起来,近些年有加快的趋势。中国家具产业近些年来迅速崛起,中国不仅成为家具生产大国和消费大国,而且成为家具出口强国。2023年,全球家具市场的产量超过了5000亿美元,其中,中国作为主要的家具生产国,其产量占据了全球总量的35%以上。我国的家具出口规模达到了641.96亿美元,这一数据在很大程度上刺激了国内家具沙发革的生产。浙江通天星集团皮革基地(原天一实业公司制革厂),具有牛皮沙发革150万张的年生产能力。衢州市富华皮革年加工原皮150万张,在原有年产60万张牛皮沙发家具革的基础上,进行年新增60万张牛皮沙发家具革的改进,形成年产120万张的生产规模。山东无棣星一皮革集团是中国皮革行业的大型皮革综合性加工进出口企业,年加工牛皮沙发革150万平方米。而被誉为"国内第一个以皮革沙发为主的软体沙发家具产业基地"的海宁则是皮革与沙发产业齐头并进,快速发展。1997年,海宁佳联皮革以专业生产沙发套加工出口为标志迈出了向皮革家具业进军的第一步,并由此拉开了海宁皮革业产品结构调整的序幕。之后,卡森生产的成品沙发顺利摆进了美国白宫,并大量出口美国及欧美市场。家具沙发革市场的强大需求,带动了制革企业的转型和结构调整,也带来了整个行业增长的亮点。我国沙发制造行业发展一直保持良好态势,随着我国国民经济的持续稳定增长,居民可支配收入的不断提高,人们对生活品质要求越来越高,沙发因其设计舒适、款式多样、色彩丰富而越来越受到国内消费者的青睐。

不过仍然需要特别强调的是,无论服装革还是沙发革、汽车坐垫革,为适应可持续发展,均应采用合理的清洁化生产技术,才能发展得更加健康、繁荣。

3. 功能皮革的开发

除了上述提到的真皮服装、皮鞋、沙发、汽车坐垫革等皮革支柱型产业,当前随着生活水平的提高,人们对于高性能物质的需求日益增长。因此已有不少学者致力于研究开发新型的功能性皮革,以扩展皮革性能,提高其附加值。常规功能性皮革有阻燃革、防水革、抗菌革以及自清洁皮革等,这些功能亦是为服装、沙发、汽车坐垫等皮革的日常应用而服务。例如阻燃革的开发,从源头减少了火灾事件的发生,为汽车坐垫革、沙发革的应用提供了安全保障;防水革的开发则尤为适用于鞋子,如国内的油田用鞋、军用鞋等,由于具有足够的防水性能,从而有利于在各种环境下使用;而抗菌革以及自清洁革的服务领域更广,不仅适用于汽车坐垫革、沙发革、服装革,还涉及鞋用革等,皮革制品在日常穿着使用中不可避免会沾染污渍,但皮革制品不便洗涤,因此皮革的抗菌、自清洁性能显得尤为重要。此外,导电皮革、吸波皮革、热伪装皮革、防紫外线皮革以及具有保暖、保健理疗性能的新型功能性皮革的开发也日渐兴起。导电皮革的开发最直接的用处是制备导电手套用于操作可触摸屏的智能电子设备,如智能手机、平板、触屏电脑等。吸波皮革的开发则可加工成真皮服装用于屏蔽无处不在的电磁辐射,达到防护的目的。还有热伪装皮革,可应用于军事中躲避红外监测。防紫外线皮革制备的服饰可保护人体,避免被过量紫外线辐射。具有保暖、保健理疗功能的皮革可以有效抑制人体向外辐射热量而导致的热量散失,是用于制造高寒地区的服装革,鞋面、鞋里革,棉帽,手套革等的理想材料,不仅可增强服装的保暖性能,还具有促进血液循环的保健功能,同时满足了寒冷地区人们既追求时尚又注重身体保健的双重要求。

(1)阻燃型皮革。随着皮革制品的广泛应用,对其阻燃性能提出了更高的要求,尤其在家具、内饰装潢、飞机和汽车用革等领域。阻燃皮革的开发主要有两种策略:一种是施加阻燃剂;另一种是优化工艺。

①施加阻燃剂法。通常在皮革复鞣、涂饰等加工过程中添加具有阻燃性能的特殊材料来达到成革阻燃的效果。已有报道称可在复鞣过程中分别添加磷系阻燃剂(PFR)、氮-磷系膨胀型阻燃剂(NPIFR)或氮-磷系阻燃剂(NPFR),改性后的皮革的阻燃性能得到改善,最大极限氧指数(LOI)增大,皮革的燃烧时间缩短,着火时间(TTI)增加,自熄性强,热释放速率(HRR)和火灾指数(FGI)降低。L Yang 等人研究发现用三聚氰胺基阻燃剂处理山羊皮纤维制成的阻燃纤维可显著提高热稳定性、活化能和 LOI,提高皮革阻燃性。此外,硼系阻燃剂亦是一类低毒高效的阻燃剂,应用范围较广,如硼酸及各种硼酸盐,尤其是硼砂最为人们熟悉。

除上述提到的阻燃剂外,蒙脱土亦具有阻燃性,其阻燃机理主要表现在蒙脱土可促进材料燃烧时成碳并起到阻隔作用。桑切斯·奥利瓦雷斯等在蓝湿革的复鞣过程中加入钠蒙脱土,研究发现所得复鞣革中钠蒙脱土分布均匀,革的阻燃性提高、力学强度(最大拉伸和撕裂强度)也得到了增强。为了获得性能更好的聚合物/蒙脱土阻燃纳米复合材料,又考虑蒙脱土片层表面呈亲水性,聚合物不容易直接插入层间,因此需对蒙脱土进行有机改性。Y Jiang 等人首先以季戊四醇、三氯氧磷、三聚氰胺和四氢呋喃为原料合成了一种新型聚合物,然后以该聚合物为中间体与被胶原和十六烷基三甲基溴化铵改性的蒙脱土作用合成具有阻燃性能的纳米复合材料,其炭化效果好,在鞣制过程中添加使用能有效改善皮革的不燃性,使成革具有良好的阻燃性能。J W Yang 等人报道了用有机蒙脱土、四羟甲基硫酸膦和氨基树脂为原料通过插层复合法合成了一种新型的具有阻燃性能的氨基树脂纳米复合材料,由于其纳米复合结构可产生良好的协同作用,可广泛应用于皮革阻燃,使成革阻燃性显著增强。

②优化工艺法。不同类型的原料皮、加脂剂、鞣剂等都会在一定程度上影响成革抗燃性能,为了提高成革的阻燃性,在皮革鞣制、复鞣、加脂、涂饰等工序中选择抗燃性能较好的化学品或添加阻燃剂,但同时又不应降低皮革的耐湿热稳定性、透气性、柔软丰满性、耐弯折性等理化指标。因此通过对复鞣剂、加脂剂和涂饰剂的阻燃改性,人们研发了具有阻燃性能的加脂剂、复鞣剂等多功能化学品。采用乙二胺、丙烯酸和亚硫酸氢钠等单体对菜籽油进行改性,制得改性菜籽油皮革加脂剂(MRO),再与改性蒙脱土复合得到的具有阻燃性能的多功能加脂剂已有报道,B Lyu 等还研究发现改性花椒籽油(MZBMSO)和硬脂酸盐层状双氢氧化物(s-LDH)通过原位法制备的纳米复合加脂剂(MZBMSO/s-LDH),对皮革的阻燃性和柔软性有明显改善。P Zhang 等利用磷酰胺基二醇共价包埋于聚氨酯链中,与氧化石墨烯(GO)水溶液乳化,水合肼原位还原,合成了含磷氮水性聚氨酯/石墨烯(PN/G-WPU)纳米

复合材料,将其作为一种复鞣剂,可显著提高皮革的水热稳定性、物理力学性能、阻燃和抑烟等综合性能。

(2)防水皮革。防水皮革即指革表面及纤维不会被水浸湿,是现代皮革制品的必备特性之一,尤其适用于军旅鞋。皮革防水处理通常是在皮革涂饰或者湿处理中进行,人们也普遍认为,后者可以使聚合物和皮革纤维结合更紧密,使成革防水性更好。复鞣、加脂等工序中添加防水剂,尤以在主加油工序中施行防水处理最为常见,加脂是生产防水性皮革的主要步骤,乳液加脂防水是使用最广的方法。

W Xu 等自主研发十二烷基/氨基官能化聚硅氧烷(RASO),并将 RASO 与马来酸酐反应,制备了新型羧基化聚硅氧烷(RCAS),再用烷基醇聚氧乙烯醚(AEO)对 RCAS 进行乳化,合成了可赋予皮革防水性能的 RCAS 乳液。W Xu 等制备的乳化新型含羧基聚硅氧烷,使原本多用于涂饰的聚硅氧烷能够在湿加工工段使用,从而提高了成革的防水性能。扬库斯卡等研究复鞣和加脂对皮革防水及成革质量的影响后发现使用水不溶性脂肪和疏水性硅酮等含游离羧基的复鞣化合物、复合乳化剂,可使皮革具有高拒水性和足够透气性。此外,具有防水性能的多功能加脂剂不仅可增强胶原纤维分子链的段迁移率,润滑皮纤维,还可以用防水膜包裹纤维,赋予皮革防水、耐汗、柔韧性等。Z Y Li 等以马来酸酐和天然油(菜籽油和鱼油)为原料进行自由基共聚,再经十二氟庚醇和十八醇的酯化反应,合成了一种新型的含氟水性共聚物乳液,用于蓝湿革的加脂以增强皮革防水性(见图 4-9 为所合成的防水皮革表征及防水效果图)。

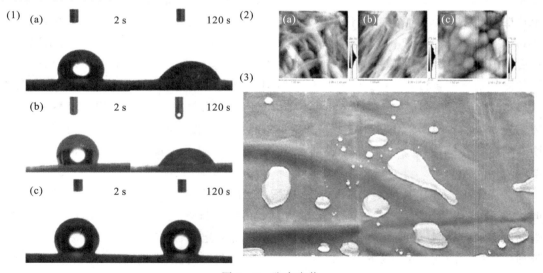

图 4-9 防水皮革

(3)抗菌皮革。皮革抗菌处理后可提高皮革品质,延长使用寿命,受到越来越多消费者及制革业的关注,故而衍生出一种功能材料,即抗菌皮革。抗菌皮革是一类具有抑菌和杀菌性能的新型功能性皮革材料,是指在皮革生产过程中或成品革中添加抗菌剂,使其具有抑菌性,在一定时间内将黏在皮革上的细菌杀死或抑制其繁殖。常用的抗菌剂有金属纳米颗粒、光催化型抗菌剂、有机抗菌剂、天然抗菌剂和复合抗菌剂等。金属纳米颗粒作为抗菌剂,目前研究较多的是银系纳米抗菌剂,因其对人体无毒无害。光催化型抗菌剂,有 ZnO、TiO_2、SiO_2 等,其中 TiO_2 是光催化抗菌剂的研究热点。有机杀菌剂虽然杀菌效果好,但对人体有毒害性,故一般不提倡使用。天然抗菌剂常见的主要是从虾、螃蟹等动物中提取的甲壳素、壳聚糖,常应用于食品、医药中抗菌,也可用于皮革抗菌。复合抗菌剂是为了克服单一抗菌剂的缺点,从而结合其他抗菌材料,使之具有更强的抗菌功能,能够在一定程度上提高抗菌效果。此外,鞣酸亦具有抗菌效果,可在皮革工业的浸酸工艺中使用,作为替代抗菌剂。

传统的制革工艺中没有专门的抗菌整理工序,要使皮革产品具有抗菌性能,可在皮革生产过程中不严重改变传统工艺条件的基础上选择合适的抗菌材料并使之与皮革发生作用,或是直接将抗菌剂喷洒在成品革上而赋予其抗菌性。

纳瓦兹等将自制的纳米氧化锌结合其他合成鞣剂用于皮革的复鞣工序,在制革的湿加工阶段使用,抗菌剂可与皮纤维发生化学结合,成革具有优良的抗菌效果,并且发现纳米氧化锌的使用并不会影响成革的物理性能。但当前对多数抗菌型皮革而言,其制备主要是将抗菌剂添加到涂饰剂中,与涂饰剂共混制成具有抗菌作用的复合膜,而赋予皮革抗菌性能。Y Bao 等研究了不同形貌的氧化锌与聚丙烯酸酯进行物理共混制备的 ZnO/聚丙烯酸酯复合乳液的成膜性能,最后发现聚丙烯酸酯/空心柱状 ZnO 复合乳液涂饰的皮革具有良好的卫生和抗菌性能。波里尼等通过原位光还原银溶液,使银簇能够均匀分布并良好地覆盖在天然皮革上,涂层耐磨性能良好,经旋转摩擦橡胶轮法(Taber 实验)处理后的皮革仍表现出对革兰氏阴性菌和革兰氏阳性菌优异的抗菌能力。该银沉积抗菌技术可应用于交通工具上的皮革制品,以提高其抗菌能力(见图 4-10)。

(4)自清洁皮革。皮革制品在日常穿着使用中不可避免会沾染污渍,但皮革制品不便洗涤,因此皮革的自清洁性能成为迫切需要解决的课题。科研工作者尝试将仿生智能表面运用到皮革工业中,根据仿生学原理,将纳米级固体颗粒复配赋予皮革较高的粗糙度因子,从而进一步提高疏水、疏油性能,使皮革不沾水、不沾油,具有自清洁功能。纳米 TiO_2 具有光诱导的亲水性和光催化特性,可光解有机污物,较多地被用于制备自清洁膜或涂层。

基于纳米 TiO_2 制备的自清洁性助剂可用于制革工业中,以制备自清洁皮革。Q Xu 等以酪蛋白、聚丙烯酸酯和 TiO_2 粉末为原料,采用原位无皂聚合制备了酪蛋白基 TiO_2 纳米复合材料,该材料成膜具有优异的自清洁性能和良好的拉伸强度。掺杂金属/非金属的 TiO_2 纳米颗粒因其协同作用而表现出更高的光催化活性,使其各方面性能更加突出。盖道等在 N-TiO_2 纳米颗粒上电沉积银制备的 Ag-N-TiO_2 共掺杂纳米材料,可使皮革表面的光催化性、亲水性得到改善,抗菌性和耐久性均得到提高,并且在可见光下具有自清洁作用。此外,研究发现基于 Fe 和 N 共掺杂 TiO_2 制备的 Fe-N-TiO_2 纳米材料,不仅可赋予皮革自清洁性能,还可增强皮革表面疏水性。通过水热法制备的二氧化硅掺杂 TiO_2 纳米颗粒用于皮革涂饰,在提高可见光催化性能的同时表现出明显的热阻优势(见图 4-11)。

(5)导电皮革。导电皮革当前主要有两个用途:一是制备触屏手套;二是用于柔性传感或电子皮肤。

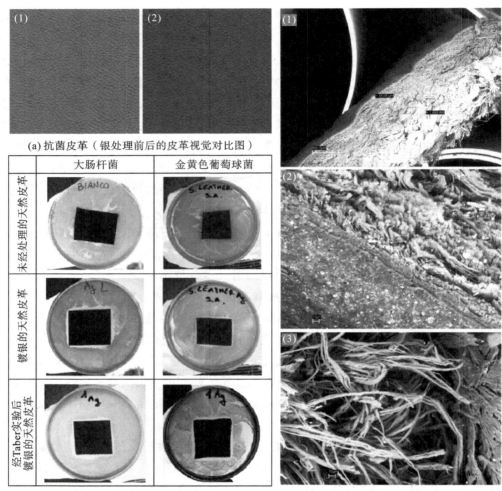

图 4-10 抗菌皮革及效果

用导电皮革制备的手套,可用来操作触屏电子设备,例如,智能手机、可触屏电脑、平板等,实现皮革在智能或尖端产品上的应用,为人类生活带来了更多便利。德米西等提出以过硫酸铵为氧化剂,盐酸为掺杂剂,苯胺为原料原位聚合制备彩色导电皮革,经处理后的皮革呈蓝绿色,最大导电率为 0.15 s/cm,可应用于操作触摸屏设备,如图 4-12 所示。K H Hong 将导电材料聚苯胺(PANI)、聚(3,4-亚乙基二氧噻吩)(PEDOT)和碳纳米管(CNT)直接涂饰于皮革表面以制备电容式触摸屏面板的触控元件,处理后的皮革样品对电容式触摸屏具有良好的导电性和工作性能。聚吡咯是一种导电性高、合成容易、环境稳定性好及低毒性的聚合物,亦可用于制备导电皮革。J D Wegene 等报道了采用原位聚合吡咯的方法制备聚吡咯涂层,可同时赋予皮革导电性和色彩。

柔性可穿戴传感、电子皮肤,在人体活动和健康监测、人机交互、机器人等领域有着广阔的应用前景。天然皮革因具有由氨基酸、胶原蛋白分子、胶原蛋白原纤维(nm)、胶原蛋白纤

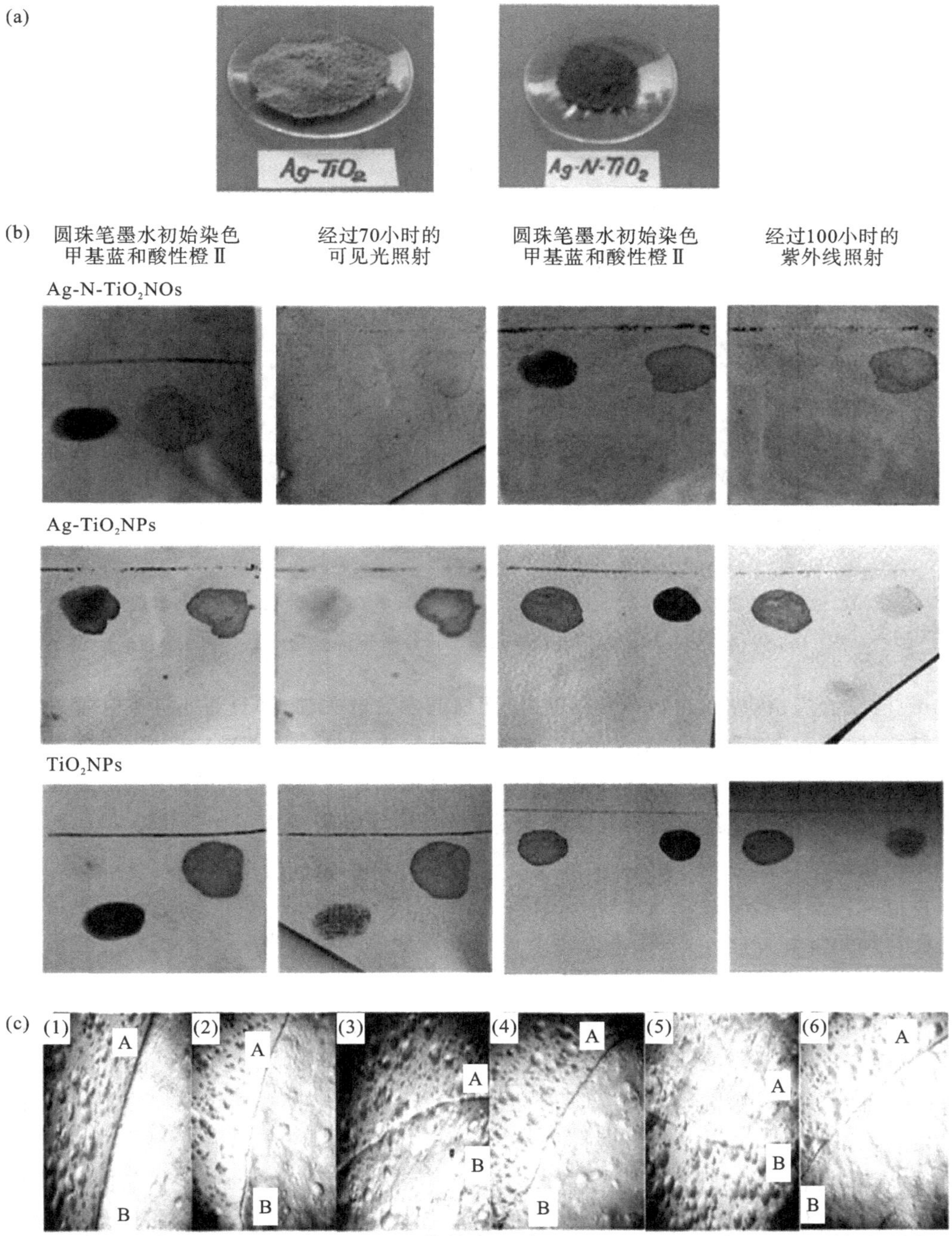

(a)自清洁皮革(Ag-TiO₂ 和 Ag-N-TiO₂ 的粉末);(b) Ag-N-TiO₂ NPS,Ag-TiO₂ NPS 和 TiO₂ NPS 在 UV 和可见光下对皮革表面的自清洁效果图;(c)皮革表面对大肠杆菌(1)、(2)、(3)和金黄色葡萄球菌(4)、(5)、(6)的敏感性试验:A 区域是皮革表面的中等外部,B 区域是皮革表面(1)、(2)、(4)和(5)样品经过处理,(3)和(6)是未经处理的样品)。

图 4-11 皮革涂饰的热阻效果

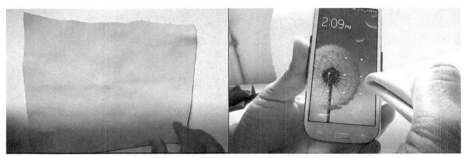

(a) 未经处理的绵羊Nappa　　(b) 未经处理的Nappa革不能解锁手机

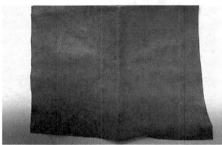

(c) 经处理的蓝绿色的导电绵羊Nappa　　(d) 处理后的导电绵羊Nappa革可解锁手机

图4-12　皮革应用于操作触摸屏设备

维（μm）构成的复杂层次结构和可穿戴性能而引起学者的关注，通过将不同的功能性材料与皮革结合，赋予皮革"活性"。炭黑、碳纳米管、石墨烯等碳材料具有导电性好、化学和热稳定性高、毒性低等特性，可作为功能材料，在可穿戴电子领域显现出巨大的应用潜力。R Xie等以皮革为基底过滤导电纳米材料炭黑的水分散体，使其吸附在皮革中形成微观结构的导电通路来制备应变传感器。

该应变传感器具有良好的线性、迟滞效应、响应时间、稳定性和耐久性，用于手指或手臂可监测运动角度和方向，附着在机械臂上可感知所触物体的形状。B Zou等报道了一种基于皮革的电子皮肤压阻传感器，以皮革为基底与碳纳米管（CNTs）和银纳米线（Ag NWs）等功能材料结合，这些功能纳米材料可将外部刺激转化成电子信号从而赋予皮革传感性能。

（6）吸波皮革（电磁波辐射屏蔽材料）。由于金属基材料的高导电性可以有效地反射电磁波，可将金属纳米颗粒涂覆到皮革基质上，开发一种对电磁波既具有吸收功能又具有反射功能的轻质高性能电磁屏蔽复合材料。也有人员研究通过以皮革为基质，涂敷薄的Cu@Ag纳米层，制备出轻巧、高性能且可穿戴的电磁波屏蔽材料，其设计的服装样品图如图4-13所示。主要原理是利用Cu@Ag纳米涂层对电磁波的反射，以及皮革基质对微波的吸收来实现对电磁波的屏蔽。

（7）吸收红外皮革（热伪装材料）。热伪装材料亦称为红外伪装材料或红外隐身材料，是用于减弱武器系统或者人体的红外特征信号，达到隐身技术要求的特殊功能材料。由于红外监视技术的不断发展，热伪装引起了人们极大的关注。X Wang等对牛皮的天然绝缘结构进行编辑，采用SiO_2纳米颗粒在皮革的3D分层纤维支架上原位生长，从而捕获革内滞留的

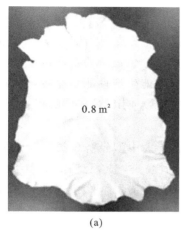 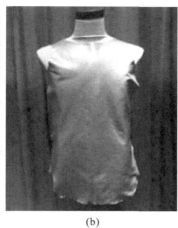 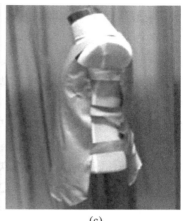

(a) (b) (c)

(a)电磁波屏蔽皮革(皮革-Cu@Ag)的照片;(b)、(c)可任意裁剪成可穿戴的皮革服饰。

图 4-13　吸波皮皮革

空气作为热绝缘体,阻挡红外吸收基团和反射来自热物体的红外辐射,成功制备出了热扩散率和热导率低,并且具有疏水性、阻燃性、柔韧性的多功能热伪装皮革盔甲,赋予了皮革全新的职能。

(8)其他功能型皮革。除了上述提到的功能皮革外,还有防水、防油、防污三者兼具的"三防"皮革,防紫外线皮革以及具有保暖、保健理疗效果的保健皮革。皮革纤维呈现为空间网络状,是一个多孔型的载体,它比平面的纺织纤维更容易吸收容纳化工材料,而且皮革胶原纤维上还有活性基团,因此皮革具有更强的结合性、吸附性和吸附容量。功能型皮革的制备亦是以常规加工为基础,将具有特殊性能的功能化学或者整理剂应用在皮革的水场加工或者涂饰过程中,使功能材料与革内胶原纤维上的活性基团结合或者直接与涂饰成膜剂等材料混合,以化学结合或物理附着的形式留在皮革上,从而赋予成革以特定功能。例如,解决皮革"三防"的常用办法是对皮革施加具有"三防"功能的整理剂,这些整理剂通常是含氟化合物,可应用于纺织物、皮革涂饰,使基底处理后尽可能保持天然织物的特性,又具有"三防"的功能;而防紫外线皮革的制备则可以通过添加防紫外线的皮革整理剂来实现。具有保暖、保健理疗效果的保健皮革则通过添加特殊功能的纳米材料加工而成,其中的纳米颗粒对人体红外线有很强的吸收作用,可以吸收并储存人体散发的热量,再转换成一定波长的远红外线向人体释放。功能皮革的发展使皮革具有更广的应用价值,人们可以此扩展皮革的应用领域,提高皮革的附加值,实现高价值皮革的发展。

4.2.3　特种皮革的发展

由于人们对个性化、艺术化、高档化的追求,在品种方面,皮革市场除牛、羊、猪等常见皮革外,稀有动物皮革也不断增多,被称为"特种皮革"。发展具有特殊的纹路及图案的特种皮革,可令皮具设计达到意想不到的效果以满足消费者的独特需求。本节将通过鲟鱼皮、鳄鱼皮、珍珠鱼皮、鸵鸟皮、蟒蛇皮、鸡皮、袋鼠皮革的应用来介绍特种皮革。

1. 鲟鱼皮、鳄鱼皮、珍珠鱼皮及鲨鱼皮的应用

鱼皮加工的皮革是一种极为优异的特种皮革,由这种标新立异的皮料制成的皮革产品不仅具有独特的美丽花纹,还具有其他动物皮革的物理性能,大部分鱼皮革的物理机械强度高于普通皮革,有些还能被制成类似绸缎的手感、不同的鞣制方法能生产性能用途各异的特种皮革。鱼皮革的开发是对鱼皮的高值化利用,亦是对资源的有效使用,对环境的保护,其中包括鲟鱼皮、鳄鱼皮、珍珠鱼皮以及鲨鱼皮等。

(1)鲟鱼皮革。鲟龙鱼也被称为鲟鱼,是一种珍稀鱼种,属于大中型经济鱼类。鲟鱼体长 0.5~7 m,是世界上现有鱼类中体形大、寿命长、最古老的一种鱼类,迄今已有 2 亿多年的历史,起源于亿万年前的白垩纪时期,素有"水中熊猫"和"水中活化石"之称,系现存的古老生物种群。鲟龙鱼皮有着较大的可用面积,皮面有五行天然的大型骨板兼细小鳞片,呈现出中世纪骑士甲胄般的复古风格,极具装饰质感。此外,鲟龙鱼皮的纤维结构呈交叉状,比牛羊皮的粒状纤维更具韧性,因此用鲟龙鱼皮制造的皮具经久耐磨,兼具美感的同时还很实用,比鳄鱼皮更加紧实,近些年来鲟龙鱼革已成为制作高级皮具的上乘之选,受到许多消费者和企业的青睐与喜爱。

鲟鱼及其加工而成的皮革如图 4-14 所示,鲟鱼皮具有独特的五行骨板以及满天星花纹,让其呈现出唯美的立体感。每张皮革都有它的唯一性,因此做出的每款产品都有它的灵魂及精髓。鲟鱼皮的柔韧性、拉伸性、耐磨性以及抗撕裂性皆可与鳄鱼皮相媲美,具有天然防水、防油、防污的特性,"三防"效果非常显著,且品质都优于同等厚度的牛羊皮革,是制作高档皮革制品的优质原料,也是各大知名国际时尚品牌的宠儿,尊贵的鲟鱼皮用料配以设计师简单雅致的设计风格尽显主人雍容华贵的品质身份地位。因此,鲟鱼皮经常用于制作卡包、手拿包、背包等小件皮具。

图 4-14 鲟鱼及其加工而成的皮革

(2)鳄鱼皮革。鳄鱼皮革是一种大家比较熟悉的特种皮革,它集艺术化、装饰化、高档化于一身,堪称皮革中的黄金,以顶级、奢华、稀有著称。这不仅是因为鳄鱼数量极为稀少,更是由于鳄鱼生长的速度慢而且养殖成本极高,而可使用的鳄鱼皮革仅限于鳄鱼腹部的狭长部分。鳄鱼皮(见图 4-15)体形狭长,体表覆盖着厚硬的鳞片,粒面特别细致紧密,而又高低不平。在组织结构上,腹部与背脊部、体侧部区别较大,腹部鳞片多为四方形,相对较为平坦、柔软、白亮,而背侧部多为隆起的大如蚕豆的鳞;鳞上有大量色素,鳞内有坚硬的骨骼作为支撑。

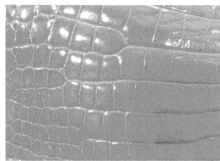

图 4-15 鳄鱼及加工而成的鳄鱼皮革

鳄鱼皮美在它天然渐变的方格纹路，虽然缺乏弹性，但质地非常结实，有种说法是鳄鱼皮皮具只要保养得当，会越用越有光泽，越用越柔韧，所以鳄鱼皮包理所当然地成为众多明星们的宠儿。一件奢侈的鳄鱼皮具，不光要具备其原始皮革的完美，而且从成品设计角度上考虑，对这种皮革的要求也是非常严格的，不同于其他皮革，例如牛皮在制作过程中，可以比较随意地进行切割，而鳄鱼皮由于其特殊的天然纹路及纹理走向，取材时，从整张鳄鱼皮上取的部位不同，呈现的感觉也大有不同。鳄鱼皮常被用于加工成高档产品，如服装、手袋、钱包、鞋子和表带等，成品别具一格、吸人眼球。

鳄鱼皮种类繁多，包括短吻鳄(Alligator)、凯门鳄(Caiman)、扬子鳄(Chinese alligator)等，由于其独特的图案和产量有限，鳄鱼皮革比哺乳动物(如牛、猪和山羊)生产的皮革昂贵。因此，现在市场上有很多用牛皮仿制而成的鳄鱼皮，这也表明对动物来源进行认证的重要性。

有研究报道了一种使用Ⅰ型胶原衍生标记肽的液相色谱-质谱联用(LC-MS)方法来确定鳄鱼皮的动物来源，只需用锉削磨取微量待测样品粉末进行分析即可，不仅可以辨别鳄鱼压花牛、马、猪、羊等仿鳄鱼革，甚至还可以识别该鳄鱼革是源自短吻鳄还是凯门鳄，并且不会破坏皮具产品的整体形貌和使用性能(见图 4-16)。但是该方法需借助特殊仪器，操作复杂，因此我们可以通过以下三个方面进行简单快速的分辨。

①手感。切勿因手感柔软而轻信其为鳄鱼真皮，仿纹皮或轧鳄鱼纹理的小牛皮同样柔软。然而，与真鳄鱼皮相比，后者更为坚实，按压时能感受到纹理和皮革内层肌理的紧密结

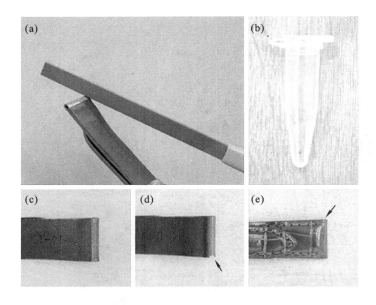

(a)锉削皮革底面以收集粉末;(b)取自皮革的粉末状样品;(c)锉削前皮革底面;
(d)底面锉后皮革的表面;(e)锉后鳄鱼革表带正面的顶部(箭头指示采样位置)。
图4-16 通过锉削从鳄鱼皮表带采样

合。而仿制鳄鱼皮凸起的花纹手感会比较松,按下去能感觉到轧纹之间的空隙。

②气孔。气孔并非鉴别真鳄鱼皮的唯一标准。虽然气孔细小的皮革通常是真鳄鱼皮,但缺乏气孔并不必然表示为仿鳄鱼皮,因为短吻鳄的皮革就不具备气孔。短吻鳄的皮革质地更为粗犷,手感和纹理也更加粗糙,与仿鳄鱼皮的柔软质地截然不同。

此外,真鳄鱼皮在接触水后会吸收水分,留下深色的痕迹,而鳄鱼纹仿皮则不会吸水。花纹整齐对称并不一定代表上等腹皮,仿鳄鱼皮的花纹反而更加整齐。真鳄鱼皮的花纹纹路上会出现微小的变化,曲线更加生动,而仿制的轧花则显得呆板单一。

(3)珍珠鱼皮革。珍珠鱼学名为珍珠毛足鲈(Trichogaster leeri),又称魔鬼鱼、珍珠马甲鱼、珍珠哥拉美、马赛克哥拉美。珍珠鱼皮革是由来源于泰国、马来西亚和印尼的苏门答腊与加里曼丹的珍珠鱼加工而成的,是一种非常特殊的皮具,每一款都具有独一无二的纹路,雍容华贵、柔和迷人,珍珠鱼及珍珠鱼皮革如图4-17所示。

珍珠鱼全身布满银色珠点,游动时珠光绚丽,珍珠鱼皮的表面犹如镶嵌着无数珍珠般的颗粒,故得名珍珠鱼。珍珠鱼鳞片具有独有的特征,因其表面沉积了石灰质,呈现出从中央向外凸起的半球状形态,犹如珍珠般的颗粒。其触感类似玉米棒,异常奇特炫目,因此又被称为珍珠鳞。

在日本古代和现代,高级武士刀的手柄部分通常采用珍珠鱼皮革包裹,并使用刀带进行编织。在中国,一些刀剑厂,尤其是浙江龙泉地区的工匠,也会使用部分珍珠鱼皮作为刀剑的装饰材料。珍珠鱼皮主要有三个用途:皮包、裹剑把、磨芥末。

珍珠鱼皮的真伪可以通过四种方法来鉴别。首先,可以通过火烧测试,真皮在火焰下不会融化,而人造皮会出现珠粒起火燃烧融化的现象,因为人造皮无法耐高温。其次,使用针

图 4-17 珍珠鱼及珍珠鱼皮革

扎测试,真皮上的珍珠会阻止针头穿透,而人造皮则容易被穿透。再者,通过敲击珍珠鱼皮表面,真皮的珍珠坚固而紧密,声响清脆,而人造皮的珍珠则由胶水黏合,声音和稳固度有所不同。最后,可以使用放大镜观察珍珠鱼皮的珠粒排列,真皮的珠粒整齐紧密,而人造皮的珠粒排列不整齐,稀疏有缝隙。这些方法可以帮助鉴别珍珠鱼皮的真伪。

(4)鲨鱼皮革。除上述介绍的鲟鱼皮、鳄鱼皮、珍珠鱼皮,其余以各种海水及淡水鱼皮为原料经过加工而制成的皮革,亦属于珍贵的特种皮革,应用性和适用范围广泛。例如,鲨鱼(见图 4-18)是一种经济价值极高的生物资源。其各个部分几乎都可以得到利用。鲨鱼的肉可作为鲜食或加工成熟食品,而鳍则可制作成名贵的鱼翅海味。此外,部分软骨可制成明胶。鲨鱼皮还可以制成鱼胶和皮革等产品。因此,鲨鱼的各个部分都能够得到充分的利用,体现了其极高的经济价值。

图 4-18 鲨鱼及鲨鱼皮皮料

鲨鱼皮的组织结构相当紧密,纤维粗壮,网状层发达,纤维呈规则的斜交叉,交互成层,多为水平取向,垂直的联结很少。在皮板和皮下肌肉层中,含有大量容易氧化的不饱和油脂。因此,在加工过程中,必须注意使皮板松散和脱脂。此外,鲨鱼皮的收缩温度虽只有40~45 ℃,但通过不同鞣剂加工后其成革可达到相应的耐温程度。鲨鱼皮的色素渗透较深,一般程度的膨胀酶很难将其清除干净,因此,需尽可能制定相应的工艺,对色素较深的革坯,往往考虑用于深色革。并且鲨鱼皮没有汗腺和脂腺,取而代之的是以矿物质为主的鳞。

去鳞鲨鱼缩粒革和不去鳞的鲨鱼砂绒革是两种较为有代表性的鲨鱼皮革。鲨鱼缩粒革的粒面具有较强的自然缩花效果,纹路均匀清晰,有立体感;革身轻软,延伸性和回弹性好,有泡沫感;不涂饰可充分显示其真皮特性,一般成革厚度为1.0~1.3 mm。其形成良好的缩花前提条件是,需经充分的浸灰和软化等预处理,使裸皮纤维结构展开良好,随后施以高收敛性的鞣剂,进行表面预鞣,从而使裸皮表面产生收缩起皱,达到裸皮原有的表面粒纹和皱折更加突出的效果。鲨鱼砂绒革的砂绒均匀、紧密细致,丝光感强,手感滑爽,逆摸时砂感越轻越好,富有装饰性和耐磨性。革身柔软、丰满,具有很高的强度,革厚一般为0.6~1.2 mm。其砂绒是要求尽可能全部除去鲨鱼鳞中的矿物质后,鱼鳞胶原仍牢固地附着在革的表面而形成的一种特殊效果的绒。

2. 鸵鸟皮、蟒蛇皮、鸡皮、袋鼠皮的应用

除了上述介绍的鲟鱼皮、鳄鱼皮及珍珠鱼皮,鸵鸟皮、蟒蛇皮、鸡皮、袋鼠皮也可加工成皮革,亦属于高档珍贵的特种皮革。

(1)鸵鸟皮。加工后的鸵鸟皮革属世界名贵皮革,是制作时尚皮件的理想材料,深受人们的喜爱,主要用于时装工业,加工成皮包、皮鞋、皮带等。鸵鸟皮粒面乳突高大,且有深浅不一的皱纹,如图4-19所示,因其毛孔突起形成的独特花纹,使鸵鸟皮革具有特殊的天然羽毛孔圆点图案。此外,鸵鸟皮革不仅柔软、质轻、强度大、耐磨,还具有良好的透气性,亦被认为是世界上最舒适的皮革。鸵鸟皮革由于皮质中含有一种天然油脂,在寒冷的气候下不变硬、不龟裂,比鳄鱼皮柔软,其拉力是牛皮的3~5倍。不易老化、耐用、可蜷曲。鸵鸟皮制品使用年限长,并随使用时间的增长,产品表面更光亮,故价格也十分昂贵,是优于鳄鱼皮的高档皮革。一只12~14个月的鸵鸟仅可剥得1~1.4 m^{2}的皮。日本把鸵鸟皮革用于高档轿车的内装潢材料,市场需求量很大,仅美国1年就需进口90~100万张。

鸵鸟皮加工而成的皮鞋亦被认为是最舒适的皮鞋之一。鸵鸟皮鞋具有许多独特的优良性能,如柔软、质轻、强度大、透气性好,并且鸵鸟皮有着因其毛孔突起而形成的独特天然花纹,人工难以模仿,这亦是其名贵的原因之一。此外,鸵鸟皮制成的腰带最突出的特色就是具有凸出的小圆颗粒,那一颗颗圆颗粒以不规则排列构成美丽悦目的唯一图案,没有两幅是完全相同的。少部分鸵鸟皮也会用作皮包的制作,但成本较大。鸵鸟皮制成的皮鞋、皮带、包如图4-20所示。

鉴别真假鸵鸟皮的方法相对简单。真正的鸵鸟皮具有特有的毛孔,而且毛孔的大小会根据不同部位而有所变化,其肌理呈现不规则的皮纹。而假的鸵鸟皮大多是通过模压牛皮而成的,因此其皮纹往往非常规则,毛孔不明显,并且皮纹看起来更像是牛皮。通过观察毛孔和肌理的特征,可以相对容易地鉴别真假鸵鸟皮。

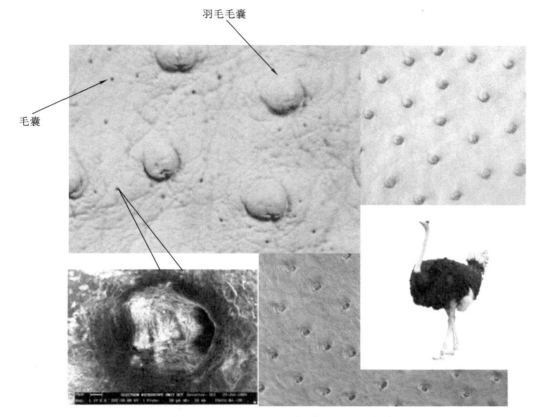

加工后的鸵鸟皮在上部照片中显示出羽毛毛囊(箭头所示)(大结节)和毛囊(小孔)
(插图显示了毛囊的扫描电子显微镜图像)
图 4-19 鸵鸟皮革(特殊的天然羽毛孔圆点图案)及鸵鸟

(2)蛇皮。众所周知,蛇是会蜕皮的,那么蛇皮做的皮革是蛇蜕下的皮吗?其实并非如此,加工成皮革需要整只蛇的蛇皮。其中蟒蛇皮作为高档服饰、饰品的原料,可以说"一皮难求",具有极高的经济价值,也是很多国家严禁出口的物品。全世界大约有50家制革厂加工蟒蛇皮,主要的制革厂大多位于意大利。墨西哥、美国、韩国、巴西和中国也有蟒皮制革厂,加工中低端皮革制品。我国的蟒蛇皮基本都是从国外进口,量比较少,价格也较高。蟒蛇肛门部位的皮革价格高,是做二胡最适合的部位,故如果是制作二胡类的乐器,还需注意蟒蛇皮革的部位问题。整条购买,价格一千到几千元不等,如果是小蟒蛇几百元也可以购得,但主要还是看宽度和长度,价格不一。蟒蛇皮制革工序与其他革相似,包括鞣制、干燥、染色等工序,如图 4-21 所示。

蟒蛇皮的特点主要是艳丽的花纹和弹性的皮质,是制作乐器的绝品,更是制作高档饰品、服饰的佳品。蟒蛇皮的花纹清晰,独特的图案引人注目,蟒蛇皮和普通皮革不同,其手感微凉,有独特的感觉,甚至比染色的更加漂亮,将其制作成的时尚包包更具有吸引力。除此之外,蟒蛇皮具还有其专属的特点,蟒蛇的皮纹如同人类指纹一般,具备独特的唯一性。每

图 4-20 鸵鸟皮制成的皮鞋、皮带、钱包

条蟒蛇都是独一无二的,世界上没有两个一样的蟒蛇皮,所以每一件蟒蛇皮具真品都是唯一的。蟒蛇皮鳞片呈云豹状花斑整齐排列,疏密自然、柔软艳丽,蟒蛇皮的每一片鳞片都会伴有三分之一不贴皮的现象,这是其他皮质所仿制不了的,不仅给予皮质曼妙的手感,亦是蟒蛇皮魅力所在。蟒蛇鳞片在光学显微镜下观察的结构,以及各式蟒蛇革如图 4-22 所示。蟒蛇皮轻薄娇贵,质感柔和富有弹性,干爽的鳞片完好地保留皮质的真实触感,给予指尖最美妙的触感,让你体验到大自然所带来的梦幻触觉。

(3)鸡皮。鸡皮作为鸡的表层组织,富含丰富的蛋白和组织纤维,主要用于制作时尚饰品,如耳环以及眼镜擦拭布等质地较柔软的皮革。由于其制作工艺较为复杂,产量较少,价格普遍比较昂贵。

此外,鸡爪皮亦可加工成皮革,前景广阔,是小杂皮类高档革之一。鸡爪皮组织结构可分为三层:上层为较厚的表皮层,中层为真皮层,下层为皮下组织;皮板内无汗腺、皮脂腺、毛囊、竖毛肌等组织,但纤维编织紧密,而且跖皮背部皮下脂肪含量高,化料渗透难度较大,会

(a)蟒蛇活体;(b)蟒皮加工到"湿蓝"阶段(越南);(c)蛇皮干燥(马来西亚);
(d)、(e)经不同染色的蟒蛇革

图 4-21　蟒蛇皮制革部分工序

产生成革比较硬等问题。陈坤等采取多工序分步处理,充分松散胶原纤维,来解决皮张板硬的问题;此外,针对皮下多脂的问题则采取多工序机械去除,并配有化学去除工艺来解决。最终开发出丰满、柔软、有弹性、强度高的鸡爪特种革,所得成革既具有较悦目的观赏性,又具有较广泛的实用性。各色鸡爪革染色均匀牢固、颜色鲜艳、皮面纹路平细光滑、革身紧实(见图4-23)。

鸡爪革的面积较小,平均为 $20\sim32$ cm^2,其外观与蜥蜴类似,具有独特的天然花纹,较强的立体感以及极高的抗张强度。因此,鸡爪革适于做各种小配件,如腕带、钥匙扣、皮夹、皮带、手机套等,经济效益显著。拥有独特花纹的鸡爪革亦可应用于皮鞋皮包服饰的配饰部分,深受广大青年消费者青睐。随着我国经济的迅速发展,人们的生活水平日渐提高,传统

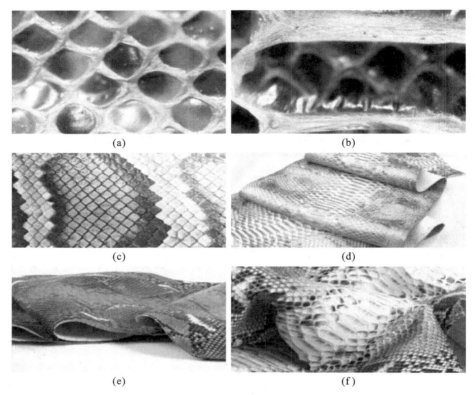

(a)背部鳞片；(b)腹部鳞片；(c)、(d)、(e)、(f)各式蟒蛇革。

图4-22 蟒蛇皮结构及各式蟒蛇革

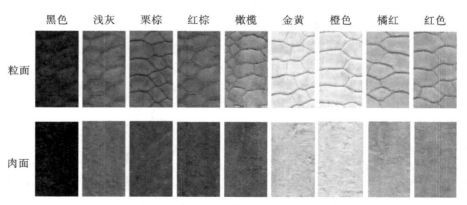

图4-23 各色鸡爪革

养殖业也逐渐向标准化、现代化、规模化发展。其中肉鸡和蛋鸡的存栏量数目巨大，因此鸡爪皮具有丰富充足的原料皮来源。鸡皮、鸡爪皮的制革再利用，为肉鸡、蛋鸡副产品深加工开辟了一个新的方向，提高了其附加值。

(4) 袋鼠皮。袋鼠（见图4-24）是澳大利亚的特有物种之一，袋鼠皮的独特纤维结构是制革的优良原料，具有很高的制革价值。就澳大利亚进口的袋鼠皮来看，每张平均面积去尾后有 0.28～0.65 m²，个别的可达 0.84 m²，油脂含量为 12.4%，油腻感重，皮形呈三角形，中间有轻度袋状，后臀部和脖颈部较厚，边腹部薄，整体上部位差小，全张较为均匀；有的皮面有块状浅青色斑，有的皮面上有细条状伤痕或擦伤，但皮面总体光滑，不会影响涂饰；袋鼠全身的毛被细密、稀疏且柔软，腹部更稀疏些，尾部毛稠密且稍硬，尾巴中部开始到尾尖的毛粗壮、稀疏、坚硬，呈均匀点状分布、毛根穿入真皮层较深，真皮中的网状层与乳头层无明显界限，胶原纤维编织紧密均匀，其中纤维编织紧密程度以网状层最为明显。

图 4-24　袋鼠

袋鼠皮成革强度大，革的延伸性略小，丰满弹性好，手感柔软而不松面，由于袋鼠的毛细软、稀疏，粒面细致接近于牛皮。经涂饰后光亮度好，边部位粒面平展，中间部位粒面略有紧缩，光亮度略逊于边部，但粒面顶光好。此外，其制造的反绒革，反面绒毛与羊皮绒毛相似，比猪反绒略粗长，但整张绒毛的长度和细度都很均匀。总体而言，袋鼠革可制成正绒、反绒服装革、软包袋革、摔纹革以及二层绒面服装革等，此外，由于袋鼠的毛柔软、毛长短适中，皮板不厚也适合制作裘皮制品，用途广泛，发展前景广阔。

3. 其他特种皮革

除了以上介绍的几种特种皮外，还有骆驼皮革、牛蛙皮革、牛胃内膜皮革等。骆驼皮革质地柔软，从骆驼皮的组织特点来看，其张幅大、表皮厚、纤维编织紧密，即使重处理也不会轻易造成成革空松；网状层与粒面层没有明显的分界，纤维编织情况与牛皮有相同之处，纤维束较为均匀，不似猪皮臀部纤维那样粗壮、部位差大，也没有牛皮腹肷部纤维那样平细、易造成腹肷部纤维松散过度、较为疏松，并且透气、吸汗性能良好。骆驼革可用来生产高档台灯灯罩、家具、女式提包等。目前国内市场对骆驼皮革的开发较少。牛蛙是一种多用途蛙类，其肉质鲜美，蛙皮亦可加工成革。牛蛙皮革质地柔软、光滑、耐磨、富有弹性，透气性好且具有一定的防水性能，有着美丽的天然花纹，是制作皮鞋、手套、包袋、领带等的极好面料。例如，于开起等人对牛蛙皮高档手套革制作技术进行了研究，其制备的牛蛙皮手套革，革身柔软、丰满、有弹性、粒面细致、花纹清晰。此外，以动物（牛羊）脏腑（胃）内膜为原料，采用最新的、不同于传统制革的工艺及配方，经加工处理亦可制成皮革。如选择相应工艺对牛胃内膜皮进行特殊处理制得的天然、奇特、富有立体花纹风格的牛胃内膜皮革，具有质地好、柔软、优异的耐折性能,是制作高档皮革制品的理想材料。

  骆驼皮革、牛蛙皮革、牛胃内膜皮革等特种皮革的制革工艺不同于一般的传统工艺,要在使成革保持原有的天然纹路及美丽图案的同时,赋予皮革柔软、舒适、丰满而富有良好弹性的性能,以及各种鲜艳的色泽。特种皮革是高附加值真皮制品的理想材料,可以制成皮鞋、箱包、皮件、服装及工艺装饰品等,用途宽泛,有着广阔的发展前景,为我国市场高档皮革制品的开发及打入国际市场创造了条件,带来了显著的经济效益和社会效益。

皮革及制革行业的客观评价

第5章

5.1 天然皮革与合成革的鉴定

5.1.1 天然皮革简介

天然皮革是由动物皮加工而成的,天然皮革的形状是不规则的,厚薄也不均匀,其表面可能会存在一些自然残缺,表面光滑细致程度不一,一般边腹部松弛,全粒面革有明显的毛孔和花纹。天然皮革按其种类来分主要有猪皮革、牛皮革、羊皮革,以及鳄鱼皮革、鱼皮革、鸵鸟皮革等特种皮革。按其层次可分为头层革和二层革,其中头层革有全粒面革和修面革;二层革又包括猪二层革和牛二层革等。在诸多的皮革品种中,全粒面革应居榜首,因为它是由伤残较少的上等原料皮加工而成的,革面上保留完好的天然状态,涂层薄,能展现出动物皮自然的花纹美。它不仅耐磨,而且具有良好的透气性。修面革是利用磨革机将革表面轻磨后进行涂饰,再压上相应的花纹而制成的。实际上是对带有伤残或粗糙的天然革面进行了"整容"。此种革几乎失去了原有的表面状态,涂饰层较厚,耐磨性和透气性比全粒面革较差。二层革是厚皮用片皮机剖层而得,头层用来做全粒面革或修面革,二层经过涂饰或贴膜等系列工序制成二层革,它的牢度、耐磨性较差,是同类皮革中最廉价的一种。

不同动物皮的组织结构有着不同的特征,同种动物的不同部位也不尽相同。但是不论种类和产皮部位,原料皮的基本组织结构和化学结构是相似的。原料皮从宏观上可以分为两部分,即毛被和皮板,毛皮工艺及制裘工艺首先要看的是毛被的品质,其次是皮板的状况。而对于制革工艺来说,主要关注的是皮板的品质,因为毛被在制革工艺中会被去除。

1. 生皮的组织结构

(1) 毛被。动物的表皮都含有毛,毛发在保持体温、防寒隔热、动态感知、吸引异性、辅助飞行(鸟类)等方面发挥了重要作用。不同动物皮的毛发长短和粗细均不相同。沿着长度方向,毛主要分为毛根和毛干,裸露于皮板外面可见的部位为毛干,而隐藏在皮板中不可见的部位为毛根。毛被的主要成分为角蛋白。动物毛发的横截面大部分是圆形和椭圆形,由外向内分三层,分别是鳞片层、皮质层、毛髓。

(2) 皮板。从生皮的纵切面可以看到生皮主要由三层组成,最上面的一层为表皮层,中间层为真皮层,最下层为皮下组织。制革工艺需要的主要成分是中间的真皮层,所以生产过程中需要将表皮层和皮下组织等无用的组织除去。

表皮层位于真皮层和毛被之间,主要是由一些上皮细胞排列组成,黏结比较疏松,一般在脱毛的同时可除去。表皮层的厚度与动物毛被的丰满程度息息相关,表皮层有保护真皮层的作用,一般毛被越丰满的动物表皮层越薄,而毛被稀少的动物表皮层越厚。

真皮层位于表皮层和皮下组织之间,是真皮的主要组成部分,也是制革行业的主要加工对象,同时也是鞣制化学的主要研究对象。成革的许多物理机械性能都与该层的结构存在密不可分的联系。真皮层主要由蛋白纤维组成,包括胶原纤维、弹性纤维、网状纤维等。真皮层又分为乳头层和网状层两层,乳头层含有许多皮肤附属组织,如脂腺、汗腺、血管和其他非纤维成分。该层的结构和特性很大程度上决定了坯革的一些特殊性能。

动物的毛根位于真皮层内,毛发生长在位于乳头层的毛囊中,毛囊外层被称为毛袋,由胶原纤维和弹性纤维组成,内层叫毛根鞘,由表皮组织构成。在毛囊最下端,毛袋凸起形成毛乳头并和毛根底部的毛球紧密连接。另外由角质化的表皮细胞组成的内层毛根鞘对毛根也有紧密的固定作用,毛乳头和毛球的紧密连接与毛根鞘对毛根的包围固定作用共同维持了毛发在毛囊中的牢固生长。网状层的胶原纤维束较乳头层粗大,编织较为紧密。网状层一般不会含有皮肤附属组织,弹性纤维和脂肪细胞也较少。网状层纤维束越粗壮,编织的原料皮越紧实,成革的物理机械性能越好。

皮下组织主要是一些脂肪细胞、残存的肉渣等。原料皮干燥保存时,皮下组织失水会造成皮板的黏结,从而将胶原纤维束包裹起来。鞣制工艺中这部分的存在会严重影响鞣剂和染料的渗透,因此在浸水结束阶段必须通过机械去肉,除去皮下组织。

2. 制革行业常用的原料皮

1) 猪皮

我国是世界上猪皮资源最为丰富的国家,猪皮也是我国制革行业主要的原料皮之一,猪皮在材料组织工程中也应用广泛。研究猪皮的精细结构,对于正确掌握其性能和选择合适的鞣制工艺十分重要。虽然不同的猪种之间,猪皮的结构略有差异,但是基本的特征相同。

①猪毛的生长形态和毛囊结构。鲜猪皮上有两种毛,粗大的一种叫猪毛,细短的叫绒毛。长在颈脊部位的猪毛特别粗大称为猪鬃。猪鬃的经济价值较高,用来制作各种刷子,通常在屠宰后由屠宰场拔下另外作为经济产品销售。

猪毛多以三根为一组聚集在一起,呈三角形方式排列,通常称之为"品"字型排列(见图5-1),但也有少数为两根一组或单根排列。在一组的三根毛之间,以中间的一根毛最粗,呈现倾斜态,相较于毛与皮的粒面层间的夹角较小,毛根较深。旁边较细的两根毛,毛与粒面的夹角大,长得竖直些,毛根较浅。但毛根的深浅和毛干的倾斜度都随皮的部位不同而各异。猪毛从皮内倾斜地长出来,在出口处有一个像喇叭形的毛眼,这个毛眼一边圆一边稍尖。毛眼的深浅、稀密、大小都关系到粒面的粗细。在鲜皮状态时,猪皮的毛眼深度一般为 0.6 mm,长度为 1.1 mm 左右。但在颈脊长鬃毛的部位和腹部,毛眼深度可达 0.8~0.9 mm,长度达 1.7 mm。毛根外面由毛囊像口袋一样将其紧紧地包裹起来。毛囊是由表皮凹入真皮内所形成。毛囊分为两层,一层叫毛根鞘(内层),另一层叫毛袋(外层)。毛根鞘是由表皮的基底层和角质层细胞所组成。毛根鞘的特点是厚度很不均匀,毛根鞘下部的角质层特别厚,形成一层很坚厚的角质套,猪皮脱毛可能与破坏这层角质套有很大关系,若把角质套破坏或削弱后,毛也会松动易于脱落。毛袋由极细小而致密的胶原纤维和弹性纤维构成,这层组织若被破坏,也会削弱毛囊与真皮的联系,导致猪毛松动脱落。

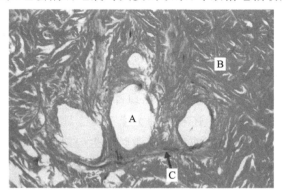

A—毛孔;B—胶原纤维;C—弹性纤维。
图 5-1　猪皮毛孔的"品"字型结构图

②脂肪和脂腺。猪皮的皮下脂肪组织很发达,皮下脂肪细胞往往长入真皮内,有的脂肪细胞呈游离状分散在真皮的胶原纤维束中间,有的则集中长在毛根底,由脂肪细胞堆集成圆形或椭圆形的脂肪锥呈现大小不一、高低不同的状态(见图 5-2)。这些脂肪锥嵌入真皮内,当脂肪锥内的脂肪细胞除去后,真皮肉面便呈现出许多凹洞。三根一组的猪毛就是长在这个脂肪锥内。此外,脂肪锥内还长有汗腺和血管神经。脂肪锥的大小、高矮随部位而不同。臀背部的脂肪锥长得高而小,腹部、颈部的脂肪锥长得大而矮。所以猪皮肉面各部位油窝眼的大小、深浅、疏密都不相同。脂肪锥内长的三根猪毛深浅也不一样。中间的一根毛长得比较深,有的甚至伸出脂肪锥外,旁边的两根毛一般是长在脂肪锥顶。所以在脱毛时,若脱毛剂涂于肉面,那么脱毛剂则往往需要先破坏脂肪细胞或透过脂肪细胞才达到毛根,破坏或削

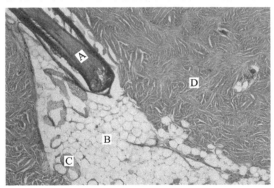

A—毛根;B—脂肪锥;C—脂肪;D—胶原纤维。
图 5-2　猪皮上的毛根结构图

弱毛囊与毛根的联系,松动毛根使毛脱落。若脱毛剂作用于粒面,则脱毛剂将沿着毛干渗透入毛囊内,才能破坏或削弱毛根与毛囊的联系。猪皮真皮内的游离脂肪细胞一般分布在毛囊的周围和胶原纤维束之间,以颈部、腹部游离脂肪细胞较多,其他部位很少。

通常在猪皮毛囊中段还长着不同数量的脂腺体。脂腺分泌油脂使表皮和猪毛得到滋润而变得光滑。脂腺体是一种呈蜂窝状的组织,内部有许多空腔,供储藏油脂使用。猪鬃的毛囊上长的脂腺最大,个数也最多。臀部的猪毛上的脂腺较小,只有一或两个。在生产过程中脂腺不会被破坏或除去,几乎是完整地保存在成革内,但脂腺内的油脂要除净。背脊部因脂腺大而多,储藏的油脂量也很大,若不除尽,不但会在鞣制工段产生铬皂,同时也会严重影响染色工段的顺利进行,最终的成品往往也会出现冒油现象。

③肌肉组织。猪皮的真皮层中还有一种数量不可忽视的肌肉组织,即毛根底部的竖毛肌。竖毛肌的生理作用是在受惊吓或冷热刺激时产生应激收缩,拉动猪毛使其竖立。因为猪毛较粗大,要拉动这样粗大的猪毛势必需要较粗壮发达的竖毛肌(见图5-3)。竖毛肌一端联结在毛根底部,然后向上延伸,另一端分布于粒面层。除此之外,猪皮的真皮层还有另一束肌肉,这束肌肉的两端分别与三根一组的毛中旁边的两根猪毛的毛根底部相联,位置与上述的竖毛肌相对。这束肌肉是猪皮特有的,当其受到外界的刺激时,不但会引起竖毛肌收缩拉动猪毛竖直,同时也会引起这束肌肉收缩,把三根一组的旁边两根猪毛拉拢,束成一起,因此我们特称这束肌肉为"束毛肌"。束毛肌一般只有一束,部位不同粗细不同。但竖毛肌随部位的不同其大小和数量也不同,一组毛的竖毛肌约分为2~6束,每束又有分枝,颈脊部的竖毛肌和束毛肌最发达,竖毛肌的束数也较多。由于猪皮真皮层内这两种肌肉组织比较发达,胶原纤维束之间随处可见竖毛肌的贯穿,具有加强胶原纤维束强度的作用,在制革生产过程中适当处理这些肌肉组织,对提高革身的柔软度有一定作用。

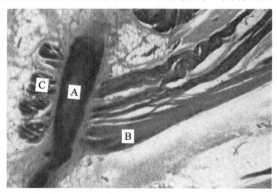

A—毛囊;B—束毛肌—C竖毛肌。
图5-3 竖毛肌和束毛肌结构示意图

④弹性纤维。猪皮的弹性纤维呈树枝状分布于真皮层中(见图5-4)。以靠近粒面和靠近肉面部位较多,中层稀少。弹性纤维在猪皮各部位的分布情况也不相同。背脊、腹、颈分布多而密,这些部位的真皮中层亦可见到较密的弹性纤维网,而臀部、皮心部则稀少。在制革过程中适当破坏和削弱弹性纤维可以获得柔软的成革,但处理过度会使成革的弹性降

低甚至造成松面。

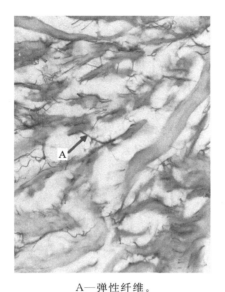

A—弹性纤维。

图5-4 猪皮中的弹性纤维结构示意图

⑤胶原纤维。真皮主要是由胶原纤维束编织而成,就像毛线衣是由毛线编织而成一样。胶原纤维束又由许多更细小的、根数很多的原纤维组成。真皮中层胶原纤维束较粗大,编织有一定的织型,靠近粒面处纤维束变细,编织较松,织型没有规则。猪皮的胶原纤维非常发达,是真皮的主要成分。其特点是胶原纤维束粗壮,互相交织很密实,因此猪皮革的机械强度较大。

由于猪毛长得较深,往往贯穿整个真皮层,加上毛根底部油窝眼的存在,当毛和脂肪在生产过程被除去以后,会留下大量大小不一的油窝眼,越到真皮下层油窝眼越大,所以剖层后的二层皮往往像一张渔网,其成品革的强度受到很大影响。猪皮革粒面结构如图5-5所示。

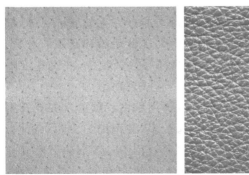 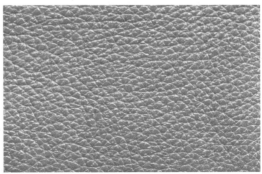

图5-5 猪皮革的粒面结构图

2)牛皮

牛皮作为我国制革行业的一大皮种,因为结构紧实粒面细致,常常用于制作各种高档皮具,生产沙发等家居用品,因此,了解牛皮生皮组织的各种构造对于制革行业来讲意义重大。制革行业的牛皮主要使用黄牛皮和水牛皮。

(1)黄牛皮组织结构特点如下。

①毛孔及张幅特点。黄牛皮的毛孔小,乳突平缓,部位差小,其差异程度低于猪皮和水牛皮(见图5-6)。从张幅的紧实程度来看,臀部最厚,腹部最薄,颈部厚度介于两者之间。尽管三个部位之间在厚度及胶原纤维编织紧密度方面均有差别,但差别不大,如果生产过程中控制得当,可减轻其差别。

图5-6 黄牛皮革粒面图

②脂肪细胞和脂腺。脂腺包括游离的脂肪细胞及脂腺,黄牛皮的脂肪组织不发达。臀、腹、颈三个部位的胶原纤维均无游离脂肪细胞的存在,仅在每根针毛及绒毛毛囊处有脂腺分布。针毛脂腺呈八字形,长于毛囊的一侧;绒毛脂腺较针毛脂腺发达,呈八字形或半圆形包围毛囊。由于脂腺较少,脂腺中的油脂在生产过程中很容易除去,因此在实际生产中,黄牛皮只要稍微进行脱脂,或在其他工段中加入脱脂操作,就可以满足脱脂要求。

③汗腺和血管组织。黄牛的汗腺发达,几乎每根针毛和绒毛都有汗腺(见图5-7)。汗腺分为两部分,上部分为导管部,细长、平行于毛囊生长;下部分为分泌部,粗大、呈现弯管状。针毛汗腺分泌部在毛囊旁中段的一侧,绒毛的汗腺分泌部在毛囊底部一侧,都长在乳头层和网状层的交界处。加之黄牛的针毛和绒毛数量较多,因此毛囊和汗腺的数量也较多,它们占据了大部分的空间。进而导致这一区域内的胶原纤维数量较少,在真皮层中形成了一个薄弱区域,所以在黄牛皮加工过程中容易产生松面和管皱现象。

黄牛的血管也较发达,且分布较广,主要分布在乳头层和网状层的交界处及网状层与皮下组织的交界处。其中乳头层与网状层的交界处血管较多,甚至编织成为血管网络。此外,黄牛皮下组织中血管也较多,但不如水牛皮发达,在制革过程中一般不会出现"血筋"现象。

④肌肉组织及弹性纤维。黄牛皮针毛、绒毛都有竖毛肌,针毛的竖毛肌较发达,有的还有分枝,绒毛的竖毛肌要细些、短些。针毛、绒毛的竖毛肌都长在毛囊旁,脂腺、汗腺同一侧,下端与毛囊下段相联,上端伸向粒面附近,就臀、腹、颈三个部位而言,竖毛肌发达程度无明显差异。在生产过程中竖毛肌是除不去的,但随着加工处理程度轻重的不同,粗的肌纤维要

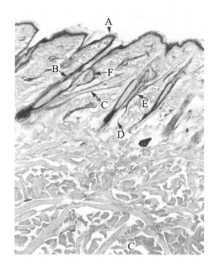

A—表皮;B—毛囊;C—皮下血管;D—汗腺;E—竖毛肌;F—皮脂腺。
图 5-7 黄牛皮的汗腺示意图

分散为细的肌纤维,如鞋面革处理较轻,肌纤维仅略有分散,服装革处理较重,肌纤维则分散为较细的肌纤维。

(2)水牛皮组织结构特点如下。

水牛皮与黄牛皮不同,中国乃至亚洲的水牛都属于沼泽型水牛,这种水牛是水稻产区的主要役畜,肌肉结实且粗壮有力。所以相较于旱地农耕的黄牛皮,水牛皮具有其独特的特点。

①张幅及毛孔特点。水牛皮的张幅大、毛粗短、皮面粗糙、毛被稀疏,皮上长有三种类型的毛,即粗针毛、细针毛和绒毛。粗针毛和细针毛统称针毛,但它们在皮内生长的深度不同,粗针毛数量较少但长得较深,往往深入网状层中;细针毛和绒毛长的深度相差不大,都长在乳头层内。许多粗针毛的毛球长成钩形,所以很难从皮内脱出。毛的深度随皮部位不同而不同,以颈部最深,其次为臀部,腹部最浅。水牛皮上的三种毛都比相应黄牛皮上的毛粗大。

水牛皮的毛在皮面呈不规则的点状排列,针毛和绒毛在皮内彼此独立存在,并各有一套附属组织,如汗腺、脂腺、竖毛肌等。臀部的针毛长得直竖些,腹部较倾斜,它的毛根几乎与皮面平行,颈部介于二者之间。在表皮层的下方是乳头层,它紧邻表皮层,并在表皮层中长出许多高大的乳头,这种现象被称为高度乳头化。高度乳头化以腹部和颈部尤为突出,这是水牛皮粒面粗糙的主要原因。当表皮层除去后,皮的表面便显露出很多凸粒。此外,水牛皮还长有许多较深的皱纹,这些皱纹使皮面更加粗糙,是水生皮粒面粗糙的另一个主要原因。水牛皮粒面上高大的乳突和深皱纹构成了水牛革的一种独特花纹,颇受人们的喜爱。水牛皮革的粒面结构如图 5-8 所示。

②血管组织。水牛皮的血管组织非常发达,除表皮层外,大小血管遍布真皮层和皮下组织层中。毛细血管主要集中在乳头层,不但数量多且组成稠密的网络。水牛皮微血管的特

图 5-8 水牛皮革的粒面结构图

点是由较厚的内外层构成。在生产过程中外层是除不掉的,只能使之松软变形,内层则要尽量除净,否则成革粒面发硬,影响成品革的柔软度。网状层中较粗大的血管主要由非横纹肌、胶原纤维和弹性纤维组成,加工时也应使其松软变形。如果处理不当,这些大大小小的血管会在水牛革的肉面上产生"血筋"。

③肌肉组织。水牛皮虽然每根针毛、绒毛都有竖毛肌,但并不发达。竖毛肌长在毛囊旁与脂腺、汗腺同一侧。细针毛及绒毛的竖毛肌下端与毛囊下段相联,上端伸向粒面附近。粗针毛的竖毛肌下端却连在毛囊的中段,上端往往要穿过乳头层与网状层交界区才伸向粒面,这样的竖毛肌有加强交界区强度的作用。当竖毛肌收缩时,一方面使毛直竖,另一方面使皮面变得更粗糙。一般情况下毛粗的区域竖毛肌比较发达些,所以颈部的竖毛肌最粗,其次为腹部,臀部最细。在生产过程中竖毛肌是除不去的,只能使肌纤维分散和松软,处理得当对成革的柔软度和粒面的粗糙度影响不大。

④弹性纤维。水牛皮的弹性纤维主要分布在乳头层和皮下组织层,网状层内数量很少,分布不均匀。特别在毛囊、血管、脂腺周围及竖毛肌上,弹性纤维更为密集。乳头层内的弹性纤维较细,有的与皮面平行,有的呈树枝状伸向粒面,越靠近粒面弹性纤维越细。皮下组织层的弹性纤维较粗也较多。就部位而言,以颈、腹部的弹性纤维较多,臀部最少,脊部则介于颈、臀之间。在制革软化工段中弹性纤维受到破坏,但弹性纤维的破坏与否和成革的柔软度、松面等无直接关系,但是可以从弹性纤维的破坏程度看出软化强度。

3)羊皮

羊皮的组织构造与其他哺乳动物皮相似,也是由毛被、表皮、真皮和皮下组织构成。真皮可分为乳头层和网状层,羊皮乳头层一般较网状层厚。当前我国制革行业主要使用的羊皮是山羊皮和绵羊皮,下面就其组织结构特点进行介绍。

(1)绵羊皮的特点。

①张幅特点。绵羊皮不同部位间的厚度不同,颈肩部最厚,腹部最薄,臀部介于两者之间。胶原纤维束粗细度、编织紧密度随部位不同而不同,颈肩部的胶原纤维编织比臀部和腹部紧密。乳头层中的差异尤为明显,粒面上的胶原纤维十分纤细且编织非常致密,粒面以下至脂腺底部的胶原纤维编织比乳头层松。网状层上中部的胶原纤维束较粗,编织较为规整

和紧密,下部的胶原纤维细小疏松。如图 5-9 所示为绵羊皮革的粒面图。

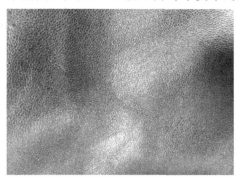

图 5-9　绵羊皮革的粒面图

②弹性纤维。弹性纤维分布在竖毛肌与毛囊下段联结处以上及皮下组织层中,乳头层与网状层交接处几乎没有弹性纤维。颈部弹性纤维粗而致密,毛囊周围的弹性纤维形成致密网络,是鬃毛难脱的原因之一;腹部次之,臀部较少较细。山羊皮臀部、腹部弹性纤维较多而密,颈部稀少。乳头层中的弹性纤维多呈树枝状,皮下组织中的弹性纤维主要是水平及垂直走向。网状层与皮下组织间分布着一层致密的弹性纤维,在水平方向上为连续的一片,几乎没有空隙。

③腺体。绵羊皮的腺体发达,针毛底端有一个汗腺,分泌部在毛囊下段毛球附近,占有很大的空间,穿过竖毛肌变为细长的导管。腹部汗腺分泌部多呈平卧状。由于汗腺相当发达,乳头层与网状层之间形成了汗腺层。汗腺发达是造成绵羊皮易于松面的原因之一。

(2)山羊皮组织结构特点。

山羊皮与绵羊皮虽然同属于羊皮,但两者在组织结构上存在一定的差异,从而导致两者在加工工艺上也有所不同,山羊皮纵切面图如图 5-10 所示,其特点如下。

①张幅特点。山羊皮各个部位的厚度和胶原纤维编织的紧密度是不同的,一般均以颈部最厚、最紧密,腹部最薄、最疏松,臀部介于二者之间,所以山羊皮的部位差主要表现在颈部与腹部的差别上。山羊皮的张幅较大,部位差较绵羊皮明显。部位差大的皮张,在加工时需要经过特殊处理,才能获得整张较均匀一致的成品革。

②毛及毛囊。山羊皮上有两种毛,粗而长的为针毛,细而短的为绒毛,针毛的排列方式多为三根一组呈半圆弧形或一字形排列,且中间的一根较两边的粗,它们上下交错,一层一层相互衔接成瓦状,构成山羊皮特有的花纹。也有部分针毛以单根或 4~7 根为一组排列。一组针毛中每两根之间均长有绒毛簇,呈品字型排列。针毛的毛根大部分呈钳形,在其毛球里夹着毛乳头,也有部分呈钩形。正在生长的未成熟的针毛毛根的毛球为锥形,锥形毛球与毛乳头紧密联系。如图 5-11 所示为山羊皮革的粒面图。

③脂腺与脂肪细胞。山羊皮的脂腺较绵羊皮少,但比牛皮发达。针毛脂腺生长在粒面上层的毛囊旁边,上部为导管部分,与毛囊相连,下部为分泌部分。脂腺分泌部有的呈椭圆形,有的呈葡萄状,还有的是长条形。山羊皮的汗腺比较发达,在每根针毛毛囊旁脂腺一侧

114 皮革概论

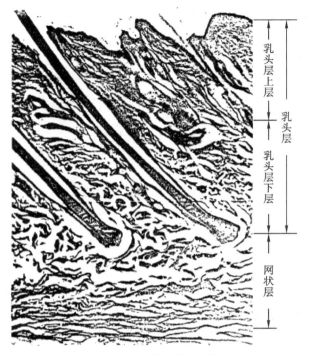

图 5-10　山羊皮纵切面图

图 5-11　山羊皮革的粒面图

都有一个汗腺,汗腺位于粒面层下部,且多在竖毛肌侧下部,分为分泌部和导管两部分。分泌部分呈弯曲状,基本与毛囊的底部处于同一水平面上;导管部分呈细管状,顺毛而上,导管的位置一般在针毛一对脂腺所形成的夹角内。分泌部分粗大,占有不少空间,易造成松面。不同种类的山羊汗腺分布及数量有所差异,例如白山羊皮汗腺稍多于黑山羊皮,因此白山羊皮更易松面。除脂腺外,在山羊皮的乳头层中无游离脂肪细胞,在网状层下层靠近皮下组织处仅有极少量游离脂肪细胞,因此,山羊皮中所含油脂主要是脂腺分泌的。

4)特种皮

制革行业除了常用的猪、牛、羊等动物皮外,还有许多稀有的特种皮,如爬虫皮、鸵鸟皮、鱼皮等。

爬虫皮主要是指爬行动物的皮,在制革行业中主要指鳄鱼皮和蛇皮(见图5-12、图5-

13)。爬虫皮主要产区分布在赤道及热带地区附近,出于人工养殖操作的难度,加之野生动物保护的原因,产量稀少,仅占皮革行业产量的0.2%。爬虫皮的胶原纤维编织仅有二维的特点,在延展性和手感方面远远不如哺乳类常用的制革用皮。与哺乳类和鸟类的生皮相比,爬虫类最大的不同点是其表面没有毛发或者羽绒,取而代之的是一层坚硬的鳞片。这些鳞片主要是由特殊的不易形变的角质层蛋白组成,其坚固且具有韧性,并且随着生长时间的延长,鳞片的硬度和突出感会变大。因此,爬虫皮的经济价值很高,具有良好的成形性和特殊的花纹。

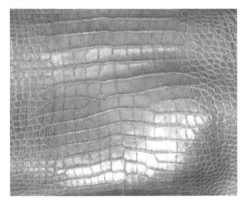

图 5-12 鳄鱼皮革的表面纹路

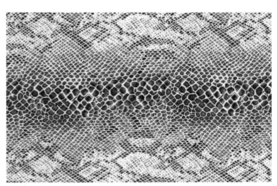

图 5-13 蛇皮革的表面纹路

鸵鸟皮(见图 5-14)主要产自非洲,由于近几年人工养殖鸵鸟技术的成熟,鸵鸟皮的产量有所上升,在我国也有较为广泛的饲养,开剥量大约在每年 10 万张。鸵鸟皮张幅大,主要由表皮层、真皮层和皮下组织层构成。表皮层位于鸵鸟皮的最外层,厚度随着季节的变化而变化,冬季时厚度大,夏季时厚度小,在制革过程中往往将这一层除去。真皮层位于表皮层的下部,主要由结缔组织构成,使得整张皮具有弹性、韧性和一定的强度。鸵鸟皮的毛囊分布于这一层之间,由弹性纤维包裹,使得羽根具有韧性和强度。鸵鸟皮的皮下组织编织较为疏松,使得鸵鸟皮与肉身剥离容易。鸵鸟皮不仅在纤维结构上有其独特之处,而且在毛孔结构上也具有独特的特点。这是因为鸵鸟的大羽毛拔毛后会留下显著的"毛孔帽",这一特点使得鸵鸟皮成为一种稀缺的名贵品种。这些凸起的毛孔能够形成非常美丽的天然图案花

图 5-14 鸵鸟皮革的表面纹路

纹,人工仿造难以达到完美。因此,鸵鸟皮的价值较高,远超常用的牛皮等原料皮。它不仅可以用来装饰人们的日常生活,而且也为制革行业带来了巨大的经济利益。

在全世界范围内鱼皮的产量都较少,占比不足制革总量的0.1%,可用的品种也乏善可陈,主要有鲨鱼、鳕鱼、鲟鱼、草鱼、鲤鱼等。大多数的鱼皮具有层状编织构造的特点,各层次之间的联系较弱,且鱼皮的厚度远远不及哺乳动物皮,因此在去肉工段要尽可能地避免过度操作,保护网状层结构。大多数鱼皮都具有鳞片,鳞片去除后在鱼皮面上留下"鳞窝",这种特殊的结构赋予了鱼皮特殊的美感,同时也增加了鱼皮制品的立体感。如图5-15所示为鲟鱼皮革。

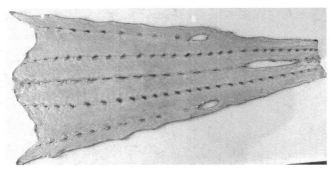

图5-15 鲟鱼皮革的表面纹路

5.1.2 合成革简介及发展历程

天然皮革是经过脱毛和鞣制等物理、化学方法加工而制成的已经变性不易腐烂的动物皮。天然皮革的使用具有悠久的历史,因为兼具良好的耐寒耐热性、透气排湿性、较高的机械强度和后加工性等特点,现已广泛应用于人们的衣、食、住、行。但随着人口的增长、动物皮的资源有限以及环保要求的不断提高,天然皮革的生产已远远不能满足人们的需求,急需替代品来弥补天然皮革的不足。作为天然皮革的代用品,合成革经过长时间的发展,逐步融合了纺织、造纸、皮革和塑料四大柔性材料的生产技术,形成了独立的技术体系和制造体系。

1. 合成革定义

世界各国关于人造革与合成革的定义并不完全统一。日本工业标准《JIS K 6601鞋面用合成革》对合成革的定义是"以天然革组织结构为标准,用高分子物质浸透纤维层,并使高分子物质连续细孔结构,纤维具有无规则三维立体结构的鞋面材料"。其中,三维立体结构的纤维层是指无纺布。

国家标准GB 2703《皮鞋工业术语》对人造革与合成革的命名原则是,凡用经纬交织的纺织布作为底基的称为人造革;凡用无纺布作为底基的称为合成革。

我国一般采用《中国大百科全书·轻工卷》中对人造革与合成革的定义。人造革是一种外观、手感似革并可部分代替其使用的塑料制品,通常以织物为底基,涂覆由合成树脂添加各种塑料添加剂制成的混配料制造而成。合成革是模拟天然皮革的物理结构和使用性能,并作为其部分代用品的塑料制品。通常,合成革以浸渍的无纺布为网状层,微孔聚氨酯层作为粒面层,其正反面外观都与天然皮革十分相似,并且有一定的透气性,比普通人造革更接近天然皮革,我们通常所说的合成革实际上就是聚氨酯合成革。

2. 合成革的发展

合成革作为天然皮革的替代品,其发展目标是向天然皮革逐步靠近,其制造技术不仅仅是实现外观的仿真,更重要的是使用性能和加工性能的仿真。究其发展主要分为三个阶段:人造革阶段、合成革阶段、超细纤维合成革阶段。

(1)人造革阶段。针对日益紧张的皮革资源,科学家们开始分析天然皮革的组成与结构,试图找到可以代替天然皮革的替代品,第一代人工革——聚氯乙烯人造革应运而生。人造革是指在机织(或针织)基布上涂布聚合物浆料制成的仿皮革材料,多数以聚氯乙烯(PVC)为涂层剂,俗称 PVC 人造革。1921 年,科学研究者利用硝酸纤维素涂覆织物制成了硝化纤维漆布,这是人造革的先驱,标志着聚氯乙烯人造革的开端。1931 年,发明的贴合法生产聚氯乙烯人造革,是人造革的第一代产品。20 世纪 40 年代,我国上海漆布生产合作社生产出了硝化纤维漆布;1958 年,上海的塑料制品一厂成功研制出人造革,国内从此开始了 PVC 人造革的生产。

PVC 人造革大多是在聚氯乙烯树脂中均匀地混入所需添加剂,然后将其涂覆或贴合在纺织或针织基材上,经一定的成型加工工艺制成的。最开始的 PVC 人造革追求的是外观类似天然皮革,尚属于"仿形"阶段。PVC 人造革具有优异的压花成型性,能够很好地模拟天然皮革的外观,备受人们推崇。此外,PVC 人造革还具备高强度、阻燃、耐酸碱等特点,但同时 PVC 人造革也存在着不耐老化、容易变硬变脆、使用寿命短、透湿透气性能差等缺陷,不适合做服装和制鞋材料,其发展受到了一定的限制。

由于 PVC 涂层具有明显的缺陷,随着聚氨酯工业的发展,开始出现了聚氨酯(PU)人造革。PU 人造革的制造是通过采用离型纸转移法在基布表面制造涂层,即"干法贴面工艺"。为了使 PU 人造革更加接近天然皮革,可以采用湿法贝斯工艺,即采用湿法贝斯和干法贴面相结合的工艺加工而成。1953 年德国首先取得了 PU 人造革方面的专利,相比于 PVC 人造革,PU 人造革获得了突破性的技术进步。聚氨酯优异的性能克服了 PVC 人造革不耐老化、柔软性差、透湿透气性能差等缺陷,逐步占领了人造革的市场。

(2)合成革阶段。合成革是以非织造布为基材,经过浸渍聚合物浆料和涂层整理而制成的复合材料,多数以聚氨酯作为浸渍材料和涂层材料,即诞生了第二代人工革——聚氨酯合成革,俗称 PU 合成革。

1964 年,美国杜邦公司最先制成商品名为柯芬(Corfoam)的合成革。1965 年,日本可乐丽公司研制出"可乐丽娜"(Clarina)合成革,其基材是尼龙丝。紧接着东洋橡胶工业公司也制成名为帕特拉(Patora)的聚氨酯合成革,随后日本帝人公司的哥得勒也研究成功。到了 20 世纪 80 年代,在保证无纺布为基布和微孔聚氨酯为面层涂料的基础上,出现了多种纤维品种与加工工艺的探索与创新,合成革产品呈多样化发展,越来越接近天然皮革,现如今已发展成最为广泛的仿天然皮革材料。

合成革与人造革的区别是人造革使用的是纺织布,而合成革使用的是无纺布。无纺布即非织造布,它与传统的纺织布差异很大,典型的无纺布通常是由纤维(呈单纤维状态)组成的网络状结构,经热黏合等工艺加固后达到结构稳定状态。利用非织造布作为基布制造仿天然皮革产品,其最大的优势是纤维结构和天然皮革接近,能够赋予产品近似天然皮革的加工性能。根据加工方式不同,PU 合成革可分为干法 PU 合成革和湿法 PU 合成革。干法 PU 合成革通常采用离型纸转移涂层的方式,是在基布上制造一层聚氨酯涂层得到的合成革产品。与天然皮革相比,干法 PU 合成革的手感和使用性能都存在较大差异,主要是因为作为基材的非织造布的纤维密度低于天然纤维,从而造成手感相差较大。为了克服干法 PU 合成革的缺陷,采用湿法聚氨酯浸渍工艺和涂层工艺,在非织造布的纤维之间形成多孔的聚氨酯填充体,在非织造布表面形成多孔的聚氨酯涂层,其使用性能更加接近天然皮革,通常被称为"湿法贝斯"。湿法 PU 合成革具有更好的力学性能、加工性能,用途也更加广泛。

(3)超细纤维合成革阶段。第二代产品的出现,使得合成革与天然皮革在基材和面层上更加接近,但是合成革基材的发展仍然在继续。第三代人工革——超细纤维合成革,是采用了与天然皮革中束状胶原纤维结构和性能更加相似的超细纤维(密度在 0.1 dtex 以下的纤维统称为超细纤维)制备出的三维立体结构的无纺布,三维网络结构的无纺布为合成革在基材方面创造了赶超天然皮革的条件,再结合微孔聚氨酯浆料浸渍、复合面层等加工技术就制备出了超细纤维合成革。超细纤维合成革在内部结构、外观和手感方面均可以达到与天然皮革相媲美的程度。此外超细纤维合成革还拥有优于天然皮革的力学、耐磨、耐酸碱、耐化学等性能。实践也证明合成革的某些优良性能是天然皮革无法取代的。例如从国内外的市场来分析,合成革也已大量取代了资源不足的天然皮革。超细纤维合成革被广泛用于运动鞋、箱包、体育用品、高档的汽车内饰、家居等产品的生产中。

随着超细纤维合成革行业的不断发展,其应用领域也在不断扩大,虽然在很多方面超细纤维合成革的性能已经超过了天然皮革,但是它并不能完全取代天然皮革的地位。超细纤维合成革的卫生性能和染色性能较天然皮革还有一定差距,随着人们生活水平的提高和需求的增长,对于原有合成革产品的性能也会提出更新更高的要求。开发性能更加优异的超细纤维合成革是合成革行业发展的必然趋势。

3. 合成革的组成

合成革是模拟天然皮革的组成和结构并作为其代用材料的塑料制品,它是以非织造布为基布,通过浸渍或涂布微孔聚氨酯而制成的仿皮材料。合成革产业发展至今,已经拥有了成熟的制备体系。合成革基本组成包括基布和涂层,分别对应于天然皮革的网状层和粒面层,这也是合成革开发和改进过程中的重点研究对象。下面分别从合成革用基布和树脂进行介绍。

(1)合成革用基布。基布是合成革的重要组成部分,其性能在很大程度上决定了合成革的性能。目前合成革用基布主要分为三大类:机织布、针织布和非织造布。

①机织布。机织布是相互垂直排列的两组系统的纱线或长丝,在织机上按一定的规律经过交织或编织而成的制品。机织布分为平纹织物、斜纹织物、缎纹织物和起毛织物四大类。机织布的主要原料包括纯棉、涤棉以及涤纶混纺纱,织物中的经纬纱相互之间交织并挤

压,从而具备了抵抗外力作用变形的能力,拥有良好的尺寸稳定性,但机织布的延伸性较差。此外,机织布还具有生产速度快、工艺性能好等特点,因此在聚氨酯人造革的生产加工中,机织布占据了很大的市场,广泛应用于鞋革、装饰用革、服装革及箱包革的制造中。

② 针织布。针织布是利用织针将纱线弯曲成线圈,再将线圈相互串联在一起而形成的织物。针织布多以棉、黏胶、涤纶及棉纶长丝为原料,在针织物中,纱线形成的线圈状结构之间相互联结,当受到外力作用时,组成线圈的纱线相互之间会存在一定程度的转移性,因此针织布一般具有良好的延伸性。

按纱线编织成圈的方式不同可以将针织布分为经编针织布和纬编针织布两大类。其中经编是将纱线由经向喂入针织机的工作针上,使纱线按顺序地弯曲成圈并相互穿套而成的针织物,产品为平幅形状。而纬编是将纱线由纬向喂入针织机的工作针上,使纱线顺序地弯曲成圈并相互穿套而成的针织物,产品为圆筒状,要经过定幅加工后,才能作为聚氨酯合成革的基布使用。

③ 非织造布。非织造布又称为无纺布、不织布,它不同于传统的机织布和针织布,是以纤维的形态存在的,无需纺纱织布就能形成织物。国家标准 GB/T5709—1997《纺织品非织造布术语》对非织造布有如下定义:定向或随机排列的纤维通过摩擦、抱合或黏合,或者这些方法的组合而相互结合制成的片状物、纤网或絮垫,不包括纸、机织物、针织物、簇绒织物、带有缝编纱线的缝编织物,以及湿法缩绒的毡制品。针刺与水刺是非织造布常见的两种制备方法。

针刺是第一代非织造布生产技术,它是利用特殊的棱边带有钩刺的刺针对纤维网进行反复的针刺,刺针在上下穿刺的过程中,纤维也会因钩刺的存在而运动,在运动过程中,纤维之间相互缠结,同时摩擦力的存在使纤网压缩,最终制得具有一定厚度、尺寸稳定的针刺非织造材料。针刺非织造布具有通透性好、机械性能优良等特点,是地毯、过滤材料、合成革基材等的优良原材料。

水刺法亦有射流喷网法、水力缠结法之称,是一种新型的非织造布加工技术。水刺顾名思义以水来刺,是将连续的高速水射流打在纤网上,利用水流的冲击,迫使纤网的纤维运动,使得纤维重新排列相互缠绕锁结,从而达到加固纤网的作用。水刺工艺以水为力,过程简单,无环境污染,且与针刺工艺相比,减小了对纤维的损伤,达到了较好的缠结效果。此外,非织造布的加固方式还有热黏合、化学黏合等。

(2) 合成革用树脂。涂层是涂料施涂固化后所得到的固态连续膜,它是影响合成革整体性能的另一大因素。合成革从开发到发展,再到壮大,所用的树脂也由开始的聚氯乙烯发展成为聚氨酯。

① 聚氯乙烯树脂。聚氯乙烯树脂最早是在 1835 年由法国的雷金纳德发现的,1930 年聚氯乙烯树脂在法国开始了工业化生产。聚氯乙烯树脂为热塑性树脂,但是其热稳定性和光稳定性较差。聚氯乙烯具有难燃、耐化学腐蚀、良好的电绝缘性等特点,但是聚氯乙烯人造革加工能耗高,且聚氯乙烯高温易降解、不耐老化、产生氯化氢,对环境有一定的污染。

② 聚氨酯树脂。目前,合成革的生产过程中主要以聚氨酯树脂为涂饰剂,因此,现在的

合成革一般被称为聚氨酯合成革。聚氨酯的出现可以追溯到 20 世纪 70 年代末,1937 年,德国法本公司的化学家拜耳及其同事利用二异氰酸酯和二元醇的加聚反应制备了线型聚合物,这标志着聚氨酯成功问世。

聚氨酯是聚氨基甲酸酯的简称。它是由多异氰酸酯和多元醇通过逐步聚合反应生成的大分子聚合物,其分子主链上含有重复的氨基甲酸酯基团。聚氨酯具有优良的耐磨、耐寒、耐老化、耐化学品等性能,以聚氨酯为涂饰剂,能够赋予合成革优异的性能。目前聚氨酯树脂是合成革涂层最理想的选择。聚氨酯树脂按分散介质可分为溶剂型聚氨酯、水性聚氨酯、无溶剂聚氨酯。目前,国内外聚氨酯合成革用聚氨酯树脂大部分都是采用溶剂型聚氨酯树脂。其中含有充当稀释或分散剂的二甲基甲酰胺、甲苯、二甲苯等有害试剂,在合成革生产和使用过程中会挥发到空气中,对人体和环境会造成一定的危害。

随着人们生活水平的提高和环保意识的增强,环境友好型聚氨酯合成革成为研究的重点。水性聚氨酯合成革得到了研究者的广泛关注。水性聚氨酯是以水为分散介质的聚氨酯体系,取代了原体系中的有机溶剂,包括水乳型聚氨酯和水分散型聚氨酯。水性聚氨酯树脂作为合成革用树脂具有绿色环保的特点,但是,水性聚氨酯也存在不足之处。与溶剂型聚氨酯相比,其耐水性和耐溶剂性较差。利用水性聚氨酯制备水性聚氨酯合成革是合成革发展的主要方向,具有潜在的发展前景。

除水性聚氨酯合成革之外,无溶剂聚氨酯合成革也走进了大众的视线。作为一种快速发展的全新工艺,无溶剂聚氨酯依据的原理是反应成型。它是将两种或两种以上液态聚氨酯预聚物,按一定比例加压混合后快速反应,在聚合物分子质量急剧增加下生成具有特性基团的聚氨酯。无溶剂聚氨酯合成革属于真正意义上友好型环保合成革。和水性聚氨酯一样,利用无溶剂聚氨酯制备更高品质的聚氨酯合成革也必将是未来的发展方向之一。

5.1.3 合成革与天然皮革的鉴定方法

合成革通常是以非织造布模拟天然皮革的网状层,以微孔聚氨酯涂层模拟天然皮革的粒面层。随着合成材料技术的不断进步,合成革也完成了从"仿形"到"仿真"的飞跃。目前,超细纤维聚氨酯合成革无论是在微观结构还是使用性能上都是最接近天然皮革的,几乎可以达到以假乱真的地步。因此,需要采用不同的方法在琳琅满目的革制品中分辨"真皮"与"假皮"。

首先,凡是佩挂真皮标志的皮革制品都是真皮。真皮标志的佩挂需中国皮革工业协会严格审查、批准,中高档皮革制品才具备此资格。除此之外,天然皮革的结构非常复杂,想要毫无破绽地制备出来是极其困难的。所以,可以从天然皮革与合成革的不同组织构造对其进行鉴别。

1. 感官鉴别法

对于革成品,特别是面积小、结构紧密、看不到里面的革制品,要区分真假皮革是比较困难的。最直观的辨别方法就是感官分析,就像是中医的望、闻、问、切,主要包括外观、气味、手感等(见图 5-16)。

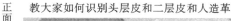

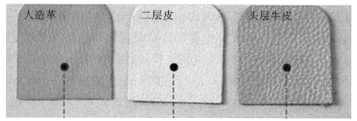

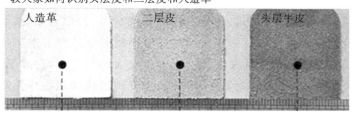

图 5-16 天然皮革与合成革的正面和反面对比图

"望",即看、观察的意思,主要是观察革制品表面的纹路。先看外观,天然皮革的表面有天然的花纹和毛孔存在,因为是自然生成的,所以质地都有一些差异,特别是革制品的主要部位和次要部位的结合处差异较明显些。天然皮革分布不均匀,规律性并不明显。而且反面有胶原纤维,若用指甲反复刮擦纤维会有起绒现象,甚至脱落。由于质地不均一,可能还存在伤疤痕迹。而合成革的表面没有天然的毛孔结构,是人工造面而成,所以会形成规律性很强的人造毛孔,而且合成革的反面能看到织物。因此,质地均匀、无伤残、无粗纹,无任何缺陷的可能是合成革。另外,可以从革制品的横切面观察,天然皮革横断面纤维各层纤维粗细不均,而合成革作为合成材料,其各层纤维基本上是均一的,表面一层呈塑料膜状。再仔细观察毛孔分布及其形状,天然皮革的毛孔多且深,略为倾斜;而毛孔浅显、垂直的可能是合成革。

"闻",简单来说就是用鼻子闻革制品的气味。天然皮革有一股特有的皮味,虽然不同皮革的加工方式不同,可能气味略有不同,但是其天然的皮毛味大致差不多,也是比较明显的。如果是合成革制品,则没有皮毛味,一般闻起来有一股溶剂或塑料的气味。

"切",即触摸革制品的表面。天然皮革的触感丰满柔软,富有弹性,弯折后会出现自然褶皱,且折痕的粗细、大小会因弯折位置的不同而不同。这主要是由于天然皮革的纤维组织分布不均匀造成的。而合成革制品虽然触感柔软,但不同弯折处的褶皱相似,且恢复性较差。

"印",即烫印,天然皮革或者合成革被做成成品后,通常会在商品上印商标,主要是金属件商标和商标直接烫印。如果是商标直接烫印,可以根据其烫印质量分辨天然皮革与合成革。由于商标直接烫印是用高温将商标的金属模版压烫在革制品表面,从而在表面形成一个凸面或者凹面的商标标志。由于天然皮革具有很强的伸缩性和柔韧性,因此在烫印之后,整个商标的烫印效果细腻、平滑,尤其是边缘,不会出现毛刺或凹凸不平等现象;但如果是合成革制品则不同,由于它表面是一层 PU 材料,因此在高温烫压下,容易出现烫压凹凸不平、边缘不平滑、有毛刺等现象。

2. 化学鉴别法

目前,化学分析法主要包括燃烧法、溶解法、湿热法等。

(1)燃烧法。根据不同材质燃烧性能的差异进行鉴别。天然皮革和合成革的组成不同,所以燃烧时的状态及特征也不同。观察不同的燃烧状态(接近火焰、接触火焰、离开火焰)、燃烧气味和燃烧残留物特征进行鉴别。天然皮革燃烧时伴随着毛发烧焦的气味,燃烧后的灰烬容易碎成粉末状。而合成革在燃烧过程中也有火焰的产生,且火焰较旺,收缩迅速,并有股刺鼻的塑料气味,燃烧后产物发黏,冷却后会发硬变成块状物。天然皮革、人造革与合成革的燃烧状态如表 5.1 所示。

表 5.1 天然皮革、人造革与合成革的燃烧状态

材质	燃烧状态			燃烧时的气味	残留物特征
	靠近火焰时	接触火焰时	离开火焰时		
天然皮革	涂饰层和贴膜熔缩	涂饰层和贴膜熔缩、皮质纤维燃烧	燃烧缓慢有时自灭	烧毛发味	易捻碎成粉末状,有贴膜的贴膜冷却后会发硬
PVC 人造革	涂覆层熔缩	熔融燃烧冒黑烟,有绿色火焰	自灭	刺鼻气味	呈深棕色硬块
PU 合成革	涂覆层熔缩	熔融燃烧冒黑烟,有的表面冒小气泡	继续燃烧	特异气味	易捻碎成粉末状

(2)溶解法。根据天然皮革与合成革特有的化学性能,可以采用化学溶剂溶解时的状态及特征来鉴别。胶原纤维在煮沸的条件下可以溶解于质量分数为 10% 的氢氧化钠溶液。真皮中含有胶原纤维,部分纤维在制革中被重组与改性,没有改性的会被氢氧化钠溶解。而合成革中主要是尼龙、聚酯等合成纤维,不能溶于上述溶液。还可以采用溶剂把涂覆层和基底进行有效分离,再进一步鉴别基底组织。根据天然皮革与合成革在不同介质中的溶解状态进行判断。判断标准如表 5.2 所示。

(3)吸水法。将各种革样平铺,用胶头滴管吸取适量水并滴在样品表面,观察其润湿性和吸水性。天然皮革的胶原纤维具有很强的亲水性,因此表面的吸水性较好,而合成革与之相反,表面的抗水性较好。未贴膜的天然皮革的润湿性和吸水性较好,而人工皮革和漆面皮革的润湿性和吸水性较差。因此,该方法只适用于鉴别未经过涂饰加工的天然皮革和合成

表 5.2　天然皮革与合成革在不同介质中的溶解状态

材质	介质	天然皮革	合成革
溶解状态	氢氧化钠溶液	粒面革全部溶解；贴膜革皮质纤维溶解，贴膜不溶解	贴膜不溶解
	四氢呋喃	皮质纤维不溶解，有贴膜的贴膜溶解	皮质纤维不溶解，有贴膜的贴膜溶解

革。也可采用吹气法鉴别,对准革的反面带口水吹气,在正面出现渗漏的为真皮,正是因为真皮具有这种"防逆性能",当穿上皮装时,防寒效果非常明显,又形成了很好的透气性,这就充分体现了真皮的价值。

(4)湿热法。把样品裁剪成一定大小的试样,置于甘油和水的混合液(甘油∶水=7∶3)中进行加热,观察温度逐渐上升过程中试样的形态变化。由于天然皮革是天然蛋白质材料,胶原纤维呈三股螺旋结构甚至四级结构构成纤维束,当温度升高至 150℃时,胶原纤维的三股螺旋结构遭到破坏,致使天然皮革在感官上发生不同程度的收缩。而对于合成革来说,其主要成分是合成高分子材料,耐热性很高,因此在相同温度下,合成革的结构并没有遭到破坏,因此形态保持完整。

(5)烟气法。称取相同质量、大小的革制品试样,分别置于试管中进行加热,用弯曲的玻璃管连接另一事先装好 5 mL 蒸馏水的试管中,收集烟气的水溶液,用广范 pH 试纸测 pH 值大小。天然皮革的烟气水溶液 pH 值为 7.0~8.5,偏碱性的为天然皮革,人造革的 pH 值为 3.0~5.5。由于真皮革是中性材料,其主体结构为胶原纤维束编织于粒面层和网状层之间,因此在碳化过程中只是一些 CO、CO_2、氨氮性气体释放出来,对 pH 值影响不大,因此偏中性或者碱性。而对于 PVC 人造革,第一阶段的过程中便有 HCl 气体析出,因此水溶液的 pH 值较低,而 PU 合成革在碳化过程中主要为一些 CO、CO_2、HCN 等气体析出,由于 HCN 的酸性较 HCl 弱,因此 pH 显酸性,但比 PVC 人造革高。

3. 仪器分析

目前革制品的主要鉴定方法包括传统的鉴别方法和一些高新技术的鉴定方法。传统的鉴别方法主要是靠眼观、手摸、闻气味等,或是利用滴水法等简单的方法对革制品进行鉴别,这些方法虽然简单、便捷,但由于合成革的迅速发展,其外观和性能越来越接近天然皮革,因此简单从其外观、手感和气味上往往容易造成误判。但随着科学技术和工艺程度的不断发展进步,这些传统鉴别方法的鉴别越来越困难,进而发展出一些鉴定新方法,如化学鉴定分析方法、红外光谱(FTIR)鉴定法、扫描电镜(SEM)鉴定法等。这些方法的准确性更高,但是一些方法在使用过程中还存在不规范或有瑕疵的地方,需要进一步发展和完善,而且对于通常的大众消费者来说,这些方法也不太现实。

(1)红外光谱法。天然皮革和合成革的组成不同,不同的组成物质具有不同的官能团,所以红外光谱分析是鉴定天然皮革和合成革的一种有效方法。天然皮革具有天然蛋白质的分子结构,结构中含有羧基、氨基、肽键等官能团,其红外光谱中必定会存在这些官能团的不同形式的振动谱带。而合成革的主要吸收峰为氨基甲酸酯基团的红外光谱特征,两者之间具有明显的差异,通过红外光谱的基团吸收带就可以判断待测样是天然皮革还是合成革。刘丹等人的研究发现超纤合成革样品的红外光谱图没有酰胺键的特征吸收谱带,而且在 1000 cm^{-1} 以下有很多明显的吸收峰。这主要是因为超纤合成革的主要成分是一些高分子聚合材料和一些填充材料等。这些成分的主要特征吸收谱带全都在 1000 cm^{-1} 以下。而且其红外光谱图的图谱形状与天然皮革的图谱形状也有明显的差异。主要的差别是超纤合成革样品的红外光谱图在 3350～3070 cm^{-1} 处的图谱的吸收峰不像天然皮革图谱的吸收峰那样宽而强,因此可以通过红外光谱图对它们直接进行分析鉴别。

(2)扫描电镜法。合成革与天然皮革相比,两者在纤维结构上的差别最为明显,而利用扫描电镜便能很好地观察两者之间的差异性。通过使用扫描电镜对样品横切面进行观察,然后基于扫描电镜图进行分析。在实际鉴别过程中,观察纤维结构是否是分层的,纤维是否呈现自然编织的形态,胶原纤维束的分布状态以及大小粗细状态。合成革的横切面是不具备分层结构的,纤维不存在自然编织形态,因为其中包含黏合剂与其他物质,纤维束更粗,大小粗细等也不规则,没有均匀分布的状态。为了鉴定和观察的需要,可以采用扫描电镜扫描的不同倍数,对皮革样品的胶原纤维特点,编织层和编织形态等进行仔细观察,就会得出准确的鉴定结果。

牛皮革、羊皮革、猪皮革、超纤合成革与 PVC 人造革的横切面图如图 5-17、图 5-18 和图 5-19 所示。

图 5-17 牛皮革(左)和羊皮革(右)横切面 SEM 图

图 5-18 猪皮革横切面 SEM 图

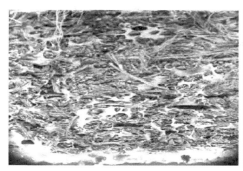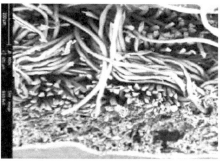

图 5-19 超纤合成革(左)和 PVC 人造革(右)横切面 SEM 图

(3)拉曼光谱法。拉曼光谱的作用效果和红外光谱类似,在实际鉴别天然皮革和合成革时可以选择其中一种手段,也可以两种方法相互印证。拉曼光谱可以检测出天然皮革在 1140 cm^{-1} 附近的蛋白氨基酸分子中骨架 C—C 的伸缩振动特征峰,1280 cm^{-1} 和 1330 cm^{-1} 附近的酰胺Ⅲ带特征峰,1610 cm^{-1} 附近的酰胺Ⅰ带特征峰。而合成革的最强峰是位于 1610 cm^{-1} 附近的—NH$_2$ 面内振动特征峰,两者之间的差别显而易见。

(4)太赫兹光谱法。太赫兹波是指频率在 0.1 THz~10 THz(波长在 0.03~3 mm)的电磁波,在电磁波谱中位于红外和微波之间。太赫兹波由于其高透射性、低能量性、瞬态性、指纹光谱等独特的性能,在生物医学、材料科学、国防安全、无损检测等领域得到了广泛应用。作为红外光谱技术的延伸与补充,太赫兹光谱对于分子间作用力以及生物分子构象与链长的变化较为敏感。龙莎等人利用太赫兹时域光谱系统对一系列真皮革及合成革的太赫兹透射光谱特性进行了研究,计算了不同真皮革和人工革的吸收系数和折射率。真皮革在 1.0 THz 处的吸收系数均大于 20 cm^{-1},而合成革在 1.0 THz 处的吸收系数小于 20 cm^{-1};真皮革在 1.0 THz 处的折射率均大于 1.3,而合成革在 1.0 THz 处的折射率小于 1.3,且真皮革中源自爬行动物的样品太赫兹光谱特征参数大于鱼类皮革,而鱼类皮革大于哺乳类动物皮革。在加热过程中,真皮革在 50~60 ℃检测到时域光谱变化趋势的改变,且猪、牛、羊三种真皮革变化趋势不同。该方法为真假皮革的鉴别以及不同种类真皮革的鉴别提供了重要的参考依据。

(5)热重分析法。由于天然皮革的胶原纤维具有良好的吸水性,所以在常态下天然皮革的含水量多于合成革。通过热重分析法分析失重的变化情况可鉴别出天然皮革和合成革。一般失重多的为天然皮革,失重少的为合成革。李瑞等人采用热重分析仪对不同的革制品进行了热重分析,得到的热重曲线如图 5-20 所示。由于天然皮革具有蛋白质结构,蛋白中的结合水在升温过程中逐渐失去,而后碳化,因此失重过程较缓和。由于合成革是合成高分子材料,耐高温,当超过高分子材料的分解温度时,试样便开始失重,且失重迅速。因此 PVC 合成革存在两个失重阶段,PU 合成革只有一个。

目前皮革鉴定的方法尚不够先进,仍有待改进的地方。随着科学技术的进一步发展,皮革鉴定技术也会朝着更加完善的方向发展。

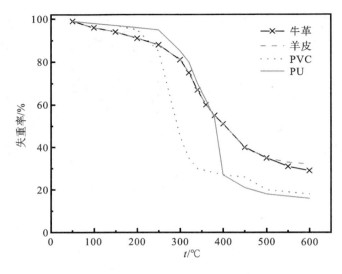

图 5-20　不同革制品的热失重曲线

5.2　真皮标志

5.2.1　真皮标志介绍

真皮标志是经中华人民共和国国家市场监督管理总局注册的证明商标,是用于证明皮革制品的材质、质量、服务的标志,受法律保护并经国际注册。中国皮革协会是真皮标志证明商标的注册人,享有真皮标志的商标专有权。

凡佩挂真皮标志的皮革产品都具有三种特性:①该产品是用优质真皮制作的;②该产品是做工精良的中高档产品;③消费者购买佩挂真皮标志的皮革产品可以享受良好的售后服务。不是用真皮制作的产品就不能佩挂真皮标志,欲佩挂真皮标志,则需经过中国皮革协会严格的审查,批准后,方可佩挂。中国皮革协会每年都要对其进行质量检测,以保证产品品质。

真皮标志的注册商标(见图 5-21)是由一只全羊、一对牛角、一张皮形组成的艺术变形图案。整体图案呈圆形鼓状,图案中央有 GLP 三个字母,是真皮产品的英文缩写,图案主体颜色为白底黑色,只有三个字母为红色。图案寓意:牛、羊、猪是皮革制品的三种主要天然皮革原料,图案呈圆形鼓状,一方面象征着制革工业的主要加工设备转鼓,另一方面象征着皮革工业滚滚向前发展。

"真皮标志"是中高档天然皮革、毛皮及其制品的标志,适用于天然皮革、毛皮、皮鞋、旅游鞋、皮革(毛皮)服装、皮包袋、皮箱、皮沙发及其他皮革(毛皮)制品,承载了"环保、诚信、品质、时尚"的内涵。作为我国首批证明商标,真皮标志在皮革行业已实施了 20 多年,对我国皮革行业品牌的建设和发展起到了重要的推动和支撑作用,受到了行业和社会的广泛认可,

图 5-21 真皮标志

并已成为我国皮革行业实施质量自律、培育行业品牌的成功样板与平台。目前,全国共有 500 余个品牌获得了佩挂"真皮标志"资格。

5.2.2 真皮标志标牌

真皮标志标牌(见图 5-22)是真皮标志产品的唯一标识,皮革制品上挂有真皮标志标牌,表明此产品是真皮标志产品。消费者在购买真皮标志产品时,请注意该产品是否挂有真皮标志标牌。消费者只有购买佩挂真皮标志的皮革制品,才能享受经销商、生产厂家和中国皮革协会三方的售后服务。

5.2.3 真皮标志的诞生与发展

20 世纪 90 年代后期,中国皮革行业在经过改革开放十多年后,取得了跨越式的发展,一举成为皮革大国,但随之而来的问题也逐渐突显,假冒皮革产品的 PU/PVC 产品、劣质产品开始"冒头",消费者利益得不到保障,对皮革产品产生了诸多负面印象,由此对行业造成了极大的伤害。为赢得消费者信赖,消除他们的疑虑,一些优秀企业开始注重产品品质提升、产品品牌打造,并寻求由第三方提供保证。正是在这样的背景下,中国皮革协会推出了证明商标"真皮标志",以维护消费者利益。真皮标志的适时推出,得到了全国各大企业的支持,众多企业开始自觉关注产品质量和注重品牌,并加入真皮标志的队伍当中。在"真皮标志"新闻发布会上,43 个产品通过认证,成为首批佩挂真皮标志品牌。

1996 年,真皮标志启动了每两年(2006 年改为三年)对真皮标志企业排序工作,推荐排头产品并授予荣誉称号的工作。为了保证推荐工作的科学、公正、公开,在推荐工作中坚持做到"三不原则",即不报名、不收费、不搞终身制,对推荐出的排头产品分别授予了"中国真皮衣王""中国真皮鞋王"等称号。2006 年,增加了"中国真皮标志裘皮衣王"称号,2009 年,将箱包纳入"真皮标志"排头品牌。2012 年,将童鞋纳入"真皮标志"排头品牌。

"真皮标志"先后在 18 个国家进行了注册。它以第三方公正的立场向消费者承诺:佩挂"真皮标志"标牌的产品采用的是天然头层皮革、毛皮。之所以强调是天然的头层皮革、毛皮,有两重考虑。一是皮革的概念,在长期误导下,已经与合成革难以辨别,尤其是"革"的含义,原本是皮革的意思,如今已被认为是合成材料的概念。二是为了区别于非头层皮革,头层皮革的胶原纤维编织细密、厚度薄,有较好的强度及弹性,工艺可塑性比较高;头层皮革一

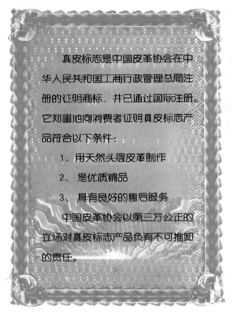

图 5-22 真皮标志中文标牌

般用来做全粒面革或修面革或者特殊效应革，天然粒纹精致美观，使用后有自然的褶皱；头层皮革服饰产品的透水汽性好、吸水性强，穿着舒适性、保暖性好。

随着真皮标志的不断规范和完善，先后有 860 多家企业的 930 多个品牌，加入"真皮标志"队伍中，成为中国皮革协会"探索扶优限劣，实施质量自律，自主品牌战略"的先驱，其中百丽、康奈、奥康、雪豹、庄子、中辉、应大、保兰德、红谷等企业更是成为行业的品牌先驱，为广大消费者所熟悉和认可。

"真皮标志"不仅见证了中国皮革行业品牌的成长,更在推动皮革制品市场健康发展中发挥了举足轻重的作用。

5.2.4 真皮标志的规范化管理

在实施真皮标志之初,中国皮革协会就注重其规范化管理,突出其先进性。为此,中国皮革协会制定了《真皮标志章程》《真皮标志产品规范》《真皮标志管理办法》等制度和规范,对生产企业和挂标产品进行严格规定、强化要求,并且每年对挂标企业进行年检,每三年对挂标企业进行资格重新确认,同时定期对挂标产品进行抽检。在整个管理过程中,真皮标志始终坚持严守质量标准、产品规范,实行全方位的动态考核,不搞终身制,淘汰不合格企业,根据市场要求不断提高对真皮标志企业产品的硬性要求,从而保持了真皮标志企业在行业中的领军地位,同时也进一步提高了真皮标志产品的市场竞争力。

从 2000 年开始,为加强消费者对真皮标志的认识,以及推广真皮标志,中国皮革协会深入商场和市场,进行现场咨询活动。此后真皮标志每年都会开展相关活动来加强真皮标志与市场的对接。

2005 年,根据新形势的需要,真皮标志将"环保、诚信、品质、时尚"等新鲜元素融入其内涵,在更高要求和更深层面上诠释了"真皮标志":该制品不仅是用天然皮革制作的,还要求该皮革是环保的、无污染的;该制品是优质精品,还要求企业在其生产过程中认真履行社会责任,符合循环经济理念;不仅要求该制品具有良好的售后服务,还要求该企业建立完善的售后服务体系,所追求的目标应该是对消费者的诚信度。

随着社会的进步和人们对社会责任意识的提高,以及 2008 年我国新劳动合同法的实施,真皮标志对其产品也提出了更高的要求。中国皮革协会将企业社会责任、诚信、环保等要素量化为相关条款,纳入真皮标志的考核、年检、排头品牌的推荐指标中,以保证真皮标志优秀群体与时俱进,始终保持其先进性(见图 5 - 23)。

图 5 - 23 "真皮标志"产品及宣传廊

5.2.5 如何利用真皮标志保护消费者的利益

面对琳琅满目的皮革制品,作为普通消费者,在选购时可能被其新颖的款式和缤纷的色彩所吸引,也可能曾被皮革材料的真伪及产品质量的优劣所困惑,置身于良莠不齐的纷繁市场中,如何选购一件品质优良、称心如意的皮革制品并且享受良好的售后服务?佩挂真皮标志的皮革制品将满足您的需求。

真皮标志是中国皮革协会在国家市场监督管理总局注册的证明商标。消费者在购买皮衣、皮鞋、皮件时,首先应该注意该产品是否佩挂真皮标志标牌,如果消费者购买的是佩挂真皮标志产品,请保存好这枚标牌和发票,一旦产品出现问题,可凭真皮标志标牌和发票到所购商店去解决,消费者将得到满意的售后服务。如果不能确定产品是否属于质量问题,请商店在发票背面加盖公章或签字,中国皮革协会将委托国家级产品质量检测中心对产品进行检测,凡属质量问题协会将尊重消费者的意愿予以退换。

5.3 真皮标志生态皮革

5.3.1 真皮标志生态皮革介绍

"真皮标志生态皮革"属1994年在国家市场监督管理总局注册的证明商标——"真皮标志"的范畴,该证明商标涵盖了天然皮革、毛皮两类产品,是指有资格使用证明商标"真皮标志"的各种成品革的总称。正在实施的"真皮标志生态皮革"要求皮革产品除要符合目前相应的国家或行业标准外,还要达到《真皮标志生态皮革产品规范》的有关要求和相关规定,即根据皮革的组成结构和加工特点,皮革中存在的有害物质的量应达到限量规定,这些常见的有害物质包括:六价铬、致癌偶氮染料、游离甲醛、五氯苯酚(PCP)等,从而突出了与生态密切相关的特殊化学指标。将符合要求的皮革或毛皮称为"真皮标志生态皮革""真皮标志生态毛皮"。

真皮标志生态皮革是"真皮标志"的延续。它突出了对皮革中可能存在的对生态环境有影响的特殊化学物质的限量规定,以及对制革企业的污染治理管理。

实施真皮标志生态皮革旨在提高全行业的环保意识,促进行业污染治理,保证我国可持续发展;实施名牌战略,以品牌拓展国内外市场;建立行业预警机制,主动应战技术性贸易壁垒,保证皮革、毛皮制品在国内外市场的竞争力。

对于"真皮标志生态皮革(毛皮)",采用了在臀部背面背脊线右侧5 cm处印盖"真皮标志生态皮革印章"的方法(单片皮在臀部背面背脊线左侧5 cm处盖章),除了真皮标志标识外,还突出了"生态"字样。

真皮标志生态皮革企业只能在本企业获得真皮标志生态皮革称号的成品革或其包装物上印制真皮标志生态皮革字样或印章图案。

真皮标志生态皮革印章由中国皮革工业协会(现中国皮革协会)统一制作、发放,印章是真皮标志生态皮革的唯一凭证,为此真皮标志生态皮革企业必须按《真皮标志生态皮革实施细则》规定使用真皮标志生态皮革印章及印章图案(见图 5-24)。中国皮革工业协会对正确使用真皮标志生态皮革标识的成品革质量负有不可推卸的连带责任。

图 5-24 真皮标志生态皮革

印章图案说明:中间圆形图标为统一的真皮标志标识图案,周围的英文是"真皮标志生态皮革"的英文对照。

5.3.2 实施"真皮标志生态皮革"的内涵与意义

1. 实施"真皮标志生态皮革"的内涵

1997 年,为了使我国制革、毛皮产业与国际市场对接,中国皮革协会开始了"真皮标志生态皮革"的筹备工作,通过在行业进行讨论,同时收集和整理了国内外动态及大量数据,最终编制了《真皮标志生态皮革实施细则》和《真皮标志生态皮革产品规范》(后简称《规范》和《细则》)。

经过长达七年的调研和准备,2003 年中国皮革协会正式推出真皮标志生态皮革,将真皮标志理念延伸到皮革制品的原材料——皮革。《规范》和《细则》前瞻性地对偶氮染料、六价铬、甲醛、五氯苯酚四种化学物质在皮革中的含量做了限定,企业的污水处理必须达到本地污水排放要求,否则一票否决。

随着社会对环保的需求越来越高,2012 年真皮标志企业发起了"践行环境保护、使用生态皮革、提升民族品牌"倡议,并在 2013 年成立了真皮标志与生态皮革合作联盟,以加强行业上下游品牌企业之间的合作,加快皮革行业品牌建设,推动行业全面转型升级。实施"真皮标志生态皮革",可促进整个行业的环保意识,保证皮革生产及其发展与环境相协调;同时,通过真皮标志生态皮革工作的申请、认证及日常的管理监督、服务引导,使一批骨干制革企业的生产工艺、管理及品牌在原有的基础上得到进一步提高,形成制革企业的优秀群体。这将促进中国制革业加快实施名牌战略,提高制革行业的商标意识、品牌意识,从而提高国际竞争力,更好地开拓国际市场;此外,还可迎战来自国际市场的技术性贸易壁垒,保证我国皮革及其制品出口持续稳定增长。

2. 实施"真皮标志生态皮革"的意义

目前,维护生态平衡,保持经济和社会协调发展,走可持续发展道路,已经成为我国皮革行业的共识。实施"真皮标志生态皮革",彰显出在新时期生态环境、市场、品牌,已经成为制革企业发展的命脉,而这正是确保我国皮革行业可持续发展的根本所在。

"真皮标志生态皮革"强化生态环保意识,确保行业可持续发展。传统制革企业以获取最大利润为首要目标,较少考虑环境问题,正是因为这一点,我国制革行业一直戴着污染大户的帽子。尽管我们在污染治理方面已经做了很多努力,但仍然存在一些不容忽视的问题。申请佩挂"真皮标志生态皮革",要求企业充分考虑生态环境保护问题,积极采用清洁化生产技术,加强污染治理,最大限度减少制革对自然环境的影响。"真皮标志生态皮革"企业要真正树立对全人类负责的精神,自觉履行保护生态环境的义务,并且必须履行企业的生产与发展不能以损害自然环境为代价的原则。为此,"真皮标志生态皮革"把"行业的可持续发展"作为发展的总体目标,充分考虑到要维护生态环境,努力改善企业生产与环境保护之间的关系,提高企业的环保意识和可持续发展能力。

"真皮标志生态皮革"提升产品品质,适应了现代的消费需求。消费需求是生产的动力和目标,人类要生存,需要各种消费,为了满足消费需求,就会从事各类产品的生产。消费需求与人类所生活的自然环境和物质环境密不可分,随着人类生活条件的改善,特别是发达国家对生态消费需求越来越高,当然对与人类日常生活息息相关的皮革制品的生态消费要求也越来越高。众所周知,皮革是皮革制品最重要的材料,只有生产出生态的皮革,才有可能生产出生态的皮革制品。因此,"真皮标志生态皮革"的推出,除了为了应对技术性贸易壁垒之外,更广泛的意义是满足了人类对生态消费市场的需求。

"真皮标志生态皮革"培育和发展了品牌,提升了企业核心竞争力。在全球经济一体化的大背景下,制革企业要想在激烈的市场竞争中保持永久的生命力,就必须重视培育和发展品牌,通过自主品牌来赢得客户。实施"真皮标志生态皮革",就是在行业自律原则的约束和监督下,使制革行业的骨干企业在诚信、管理、质量、环保方面再上新台阶,形成中国制革企业的知名品牌。通过佩挂"真皮标志生态皮革",进一步帮助企业把高质量产品推向了国际市场,有利于企业品牌的塑造和形象的树立,也维护了品牌的声誉和影响,更有效地提升了企业的核心竞争力。

"真皮标志生态皮革"建立起行业预警机制,有效应对各种贸易壁垒。中国皮革协会作为"真皮标志生态皮革"的管理机构,不断对国际上纷繁复杂的贸易壁垒信息进行前瞻性的收集和整理,并适时修改《真皮标志生态皮革产品规范》,使我国制革企业能对可能产生的各种贸易壁垒提高认识,尽早地做好预警及应对准备工作。

"真皮标志生态皮革"扩大了我国皮革及皮革制品在国际市场的影响力。中国皮革协会将实施"真皮标志生态皮革"作为推动我国由皮革大国跨入皮革强国的有力手段之一,以真皮标志办公室为宣传核心,与各生态皮革企业紧密联系,建立广泛的宣传网络。认真做好新闻媒体的宣传策划工作,强化硬性广告与软性广告相结合、日常工作和重大活动相结合的宣传形式,全方位加大"真皮标志生态皮革"的宣传力度,努力提高"真皮标志生态皮革"及生态皮革企业在国内外市场的知名度和影响力。

5.4 制革绿色工厂与绿色产品评价

5.4.1 绿色制造体系

绿色制造又称环境意识制造、面向环境的制造等。它是一个综合考虑环境影响和资源效益的现代化制造模式，其目标是使产品从设计、制造、包装、运输、使用到报废处理的整个产品生命周期中，对环境的影响（负作用）最小，资源利用率最高，并使企业经济效益和社会效益协调优化。

在全球"绿色经济"的变革中，要建设制造强国，迫切需要加快制造业绿色发展，大力发展绿色生产力，更加迅速地增强绿色综合国力，提升绿色国际竞争力。这就要求我们形成节约资源、保护环境的产业结构、生产方式，改变传统的高投入、高消耗、高污染生产方式，建立投入低、消耗少、污染轻、产出高、效益好的资源节约型、环境友好型工业体系，这既是强国制造的基本特征，也是制造强国的本质要求。只有制造业实现了绿色发展，才能既为社会创造"金山银山"的物质财富，又保持自然环境的"绿水青山"，实现制造强国的梦想。

中国是制造大国，制造业及其产品的能耗约占全国能耗的 2/3。为贯彻落实《中国制造 2025》，2016 年 9 月，工业和信息化部办公厅印发《关于开展绿色制造体系建设的通知》，启动了以绿色工厂、绿色产品、绿色园区和绿色供应链四方面为主要内容的绿色制造体系建设。实施绿色制造工程是实现产业转型升级的重要任务，也是制革行业实现绿色发展的有效途径，同时也是制革企业主动承担社会责任的必然选择。工业绿色发展是国际社会的大势所趋、潮流所向，也是我国制造业企业转型升级的必由之路。在当前生态文明建设和绿色发展的背景下，我国绿色制造体系的搭建必将为制造业企业创造新的历史发展机遇。

5.4.2 制革绿色工厂及评价要求

推行绿色制造、实施绿色新政是全球主要经济体的共同选择，推进绿色发展是提升国际竞争力的必然途径，更是我国建设生态文明的必经之路和实现制造强国的内在要求。作为世界皮革生产大国，我国取得了举世瞩目的成绩。但是，皮革的生产过程仍会产生一定的污染，与国家倡导的生态文明理念还有一定的差距。为了进一步加快推进皮革行业生态文明建设和绿色发展，使绿色制造成为皮革经济增长新引擎和国际竞争新优势，国家将绿色发展作为我国"十四五"乃至更长时期发展的着力点之一，不仅为皮革行业今后的转型发展指明了方向，也是皮革行业"十四五"发展的重点。皮革行业作为一个环境敏感型和资源依赖型的传统制造业，与实施绿色制造工程密切相关。因此，实施绿色制造对皮革行业实现绿色与可持续健康发展、满足消费升级需求和规避国际绿色壁垒等意义深远。

绿色工厂是指实现了用地集约化、原料无害化、生产洁净化、废物资源化、能源低碳化的工厂。事实上，绿色工厂是制造业的生产单元，绿色工厂可以生产绿色产品，是绿色产品的实现载体，也是绿色园区的重要部分，更是绿色供应链中的重要链条，所以绿色工厂属于绿色制造体系中的核心支撑单元,是绿色制造的实施主体。

工厂是绿色制造的主体,《中国制造 2025》将"全面推动绿色制造"作为九大战略重点和任务之一,明确提出要"建设绿色工厂,实现用地集约化、原料无害化、生产洁净化、废物资源化、能源低碳化"。绿色工厂标准是构建绿色制造体系的关键,制革行业绿色工厂的创建要以标准为基础,只有制定符合制革行业特点的完善的绿色工厂评价指标体系,才能更加明确、客观、科学地对绿色工厂进行评价,为评价组织提供合理的评价依据,有助于在制革行业内树立标杆,引导和规范皮革和毛皮服装加工企业实施绿色制造,促进能效提升和绿色发展,并且有助于推动绿色制造标准体系的建设和完善,有力引导、规范并促进我国制革行业积极实施绿色制造,从而实现产业的转型升级。

具体讲,绿色工厂评价总体结构包括基本要求、基础设施、管理体系、能源与资源投入、产品、环境排放、绩效评价 7 个一级指标,评价指标采取定性与定量相结合、过程与绩效相结合的方式,形成完整的综合性评价指标体系。

评价指标体系包括基本要求和评价指标。基本要求为工厂参与评价的基本条件,不参与评分;评价指标包括基础设施、管理体系、能源与资源投入、产品、环境排放、绩效 6 个一级指标,每个一级指标下设若干个二级指标,二级指标中设具体评价要求,总分共 100 分。其中,部分二级指标包含基本要求和预期性要求两项,有个别二级指标只有基本要求或只有预期性要求,像社会责任、碳足迹就只有预期性要求,不属于强制性要求,需根据企业具体情况进行打分,而大气污染排放、水体污染排放、固体废弃物和噪声等只有基本要求而无预期性要求,是必须要满足的指标。最后只有满足所有必选评价要求并达到标准规定分数要求的工厂,才可纳入绿色工厂名单。

5.4.3 制革行业绿色设计产品及评价

绿色设计产品是指在全生命周期过程中,符合环境保护要求,对生态环境和人体健康无害或危害小、资源能源消耗少、品质高的产品。

绿色设计产品体现了绿色制造推动供给侧结构性改革的最终目标,该设计重心在于整个产品生命周期的绿色化,引导消费者从使用到处理的整个过程都能够做到较小的环境影响。随着绿色设计理念逐渐深入人心,绿色产品也将成为未来的趋势,推动整个工业生产向着更加环保和可持续的方向发展。

制革行业的绿色设计产品包括:皮革、毛皮等。评价要求分为基本要求和评价指标要求两部分。基本要求部分对企业生产的技术、工艺、装备,产品采用的原材料,产品质量、安全和生产过程中污染物的排放,环境管理体系、质量管理体系、职业健康安全管理体系等内容进行了规定。企业首先应满足节能环保法律法规,污染排放应达到国家标准的要求,并符合地方排放标准的最高要求及环境影响评价验收批复的要求;其次,产品绿色性能的获得不应以牺牲产品质量为代价,企业应兼顾产品的绿色和质量性能,产品质量水平应满足相关产品标准的要求;最后,企业应具有健全、完善的环境和质量管理体系并严格执行以对生态环境和产品质量负责。评价指标包括资源属性指标、能源属性指标、环境属性指标和产品属性指标四类一级指标,每类一级指标下设置若干二级指标。只有当申请评价产品符合标准中规定的全部要求时方可判定该产品合格,包括基本要求和评价指标要求。

在产品设计开发阶段系统考虑原材料选用、生产、销售、使用、回收、处理等各个环节对资源环境造成的影响,力求产品在全生命周期中最大限度降低资源消耗、尽可能少用或不用含有害物质的原材料,减少污染物产生和排放,健全绿色市场体系,增加绿色产品供给,对制革行业实现绿色与可持续健康发展,满足消费升级需求和规避国际绿色壁垒等具有深远意义。

参考文献

[1] BAO Y, FENG C, WANG C, et al. Hygienic, antibacterial, UV-shielding performance of polyacrylate/ZnO composite coatings on a leather matrix[J]. Colloids and Surfaces A: Physicochemical and Engineering Aspects. 2017, 518: 232-240.

[2] GAIDAU C, PETICA A, IGNAT M, et al. Enhanced photocatalysts based on Ag-TiO$_2$ and Ag-N-TiO$_2$ nanoparticles for multifunctional leather surface coating[J]. Open Chemistry. 2016, 14(1): 383-392.

[3] HONG K H. Preparation of conductive leather gloves for operating capacitive touch screen displays[J]. Fashion & Textile Research Journal. 2012, 14(6): 1018-1023.

[4] JANKAUSKAITĖ V, JIYEMBETOVA I, GULBINIENĖ A, et al. Comparable evaluation of leather waterproofing behaviour upon hide quality. I. Influence of retanning and fatliqouring agents on leather structure and properties[J]. Journal of Materials Science. 2012, 18(2): 150-157.

[5] JIANG Y, LI J, LI B, et al. Study on a novel multifunctional nanocomposite as flame retardant of leather[J]. Polymer Degradation and Stability. 2015, 115: 110-116.

[6] JIMA DEMISIE W, PALANISAMY T, KALIAPPA K, et al. Concurrent genesis of color and electrical conductivity in leathers through in-situ polymerization of aniline for smart product applications[J]. Polymers for Advanced Technologies. 2015, 26(5): 521-527.

[7] LYU B, WANG Y, GAO D, et al. Intercalation of modified zanthoxylum bungeanum-maxin seed oil/stearate in layered double hydroxide: Toward flame retardant nanocomposites[J]. Journal of Environmental Management. 2019, 238: 235-242.

[8] NAWAZ H R, SOLANGI B A, ZEHRA B, et al. Preparation of nano zinc oxide and its application in leather as a retanning and antibacterial agent[J]. Canadian Journal on Scientific and Industrial Research. 2011, 2(4): 164-170.

[9] POLLINI M, PALADINI F, LICCIULLI A, et al. Antibacterial natural leather for application in the public transport system[J]. Journal of Coat Technology Research. 2013, 10(2): 239-245.

[10] SANCHEZ-OLIVARES G, SANCHEZ-SOLIS A, CALDERAS F, et al. Sodium montmorillonite effect on the morphology, thermal, flame retardant and mechanical proper-

ties of semi-finished leather[J]. Applied Clay Science. 2014,102:254-260.

[11] WANG X,TANG Y,WANG Y,et al. Leather enabled multifunctional thermal camouflage armor[J]. Chemical Engineering Science. 2019,196:64-71.

[12] WEGENE J D,THANIKAIVELAN P. Conducting leathers for smart product applications[J]. Industrial Engineering Chemistry Research. 2014,53(47):18209-18215.

[13] XIE R,HOU S,CHEN Y,et al. Leather-Based Strain Sensor with Hierarchical Structure for Motion Monitoring [J]. Advanced Materials Technologies. 2019, 4 (10):1900442.

[14] XU Q,FAN Q,MA J,et al. Facile synthesis of casein-based TiO_2 nanocomposite for self-cleaning and high covering coatings:Insights from TiO_2 dosage[J]. Progress in Organic Coatings. 2016,99:223-229.

[15] XU W,HAO L F. Preparation of carboxylatedpolysiloxane and its application in leather waterproofing:Advanced Materials Research[Z]. Trans Tech Publcations, 2012: 496,519-522.

[16] YANG J W,LING H J,XIANG L,et al. Study on the synthesis and application of THPS-OMMT-MDFP nanocomposite flame retardant:Advanced Materials Research [Z]. Trans Tech Publcations,2012:415,1310-1314.

[17] YANG L,LIU Y,MA C,et al. Kinetics of non-isothermal decomposition and flame retardancy of goatskin fiber treated with melamine-based flame retardant[J]. Fiber and Polyms. 2016,17(7):1018-1024.

[18] ZHANG P,XU P,FAN H,et al. Phosphorus-nitrogen Flame Retardant Waterborne Polyurethane/Graphene Nanocomposite for Leather Retanning[J]. Journal American Leather Chemists Association. 2018,113:142-150.

[19] ZHAOYANG L,HAOJUN F,YAN L,et al. Fluorine-containing aqueous copolymer emulsion for waterproof leather[J]. Journal Of The Society Of Leather Technologists And Chemists. 2008,92(3):107-113.

[20] ZOU B,CHEN Y,LIU Y,et al. Repurposed leather with sensing capabilities for multifunctional electronic skin[J]. Advanced Science. 2019,6(3):1801283.

[21] 安红,马艺蓉,谢守斌. 欧洲古代皮革鞣制工艺研究[J]. 文博,2018(6):80-86.

[22] 曹龙根. 生产骆驼家具革的工艺措施[J]. 中国皮革. 1995,(4):33-38.

[23] 曾睿,王慧桂,但卫华. 酶制剂在制革工业中的应用及其前景[J]. 皮革化工,2005,22 (1):11-12.

[24] 陈坤,王守宇. 鸡爪皮制革工艺的研究[J]. 皮革与化工. 2018,35(4):29-33.

[25] 陈宗良,孙世彧,黄晓刚. 皮革鉴定的方法与展望[J]. 皮革科学与工程,2010,20(3):39-41+44.

[26] 杜浩,危起伟,刘志刚,等. 一种鲟鱼皮革镜面涂饰方法[Z]. 2019.

[27] 朵永超,钱晓明,赵宝宝,等.超纤革仿天然皮革研究进展[J].中国皮革,2019,48(3):41-45+53.

[28] 范贵堂.制革技术发展史[J].皮革与化工,2009,26(6):42-43.

[29] 高海燕.我国靴子的起源和发展演变[J].西部皮革,2008,(5):52-55.

[30] 何露,陈武勇.中国古代皮革及制品历史沿革[J].西部皮革,2011,33(16):42-46.

[31] 何露.中国古代皮革及制品历史沿革,西部皮革[J].2014,36(20):12-13.

[32] 侯凤.皮革工业的发展现状和趋势[J].西部皮革,2017,39(23):48.

[33] 纪倩,宿丹丹,应慧妍,等.猪皮中胶原蛋白的提取与结构鉴定[J].食品研究与开发,2017,(13):44-49.

[34] 亢秀杰.皮革、再生革和人造革鉴别方法的研究[J].检验·科技,2014,(9):77-79.

[35] 李波,王秀荣,李彦.针刺非织造布技术与市场现状[J].纺织导报,2007,(2):88-92.

[36] 李晶.制革中生物技术的应用和最新发展趋势[J].西部皮革,2010,32(13):52-56.

[37] 李蕾.浅谈铬超标胶囊对人体的危害[J].工企医刊,2012,25(5):88-89.

[38] 李思沁.皮雕的艺术价值与传承走向研究[J].天工,2020,(6):56-58.

[39] 李维红,郭天芬,牛春娥.4种常见毛皮动物毛纤维组织学结构研究[J].黑龙江畜牧兽医,2013,(15):145-147+150+194-195.

[40] 梁玮.中国皮革业如何重构竞争新优势[J].西部皮革.2015,37(21):4-7.

[41] 林庆武,梅德庆,黄严峻,等.皮革智能排样系统的开发[J].机电工程.2005,22(12):4-7.

[42] 刘丹,陈海波,张宗才,等.真皮和人造革的红外光谱和扫描电镜鉴定方法研究[J].皮革科学与工程,2015,25(4):14-18.

[43] 马安博.我国制革工业发展中存在问题及对策[J].西部皮革,2017,39(23):29-31.

[44] 马兴元,蒋坤,郭勇生,等.水性聚氨酯合成革的加工机理与关键技术[J].中国皮革,2012,41(13):56-60.

[45] 马兴元,吴泽,张淑芳,等.无溶剂聚氨酯合成革的成型机理与关键技术[J].中国皮革,2013,42(17):11-13+16.

[46] 孟宇,赵红兵,傅贤兵.绵羊服装革生产技术实践研究与探讨[J].中国皮革,2004,33(15):45-45.

[47] 彭波.先秦时期出土皮革制品的相关问题研究[D].陕西师范大学,2013.

[48] 强涛涛.合成革化学品[M].北京:中国轻工业出版社,2016.

[49] 全岳.战国皮靴渊源[J].西部皮革,2014,(1):54-56.

[50] 冉福林.皮革行业将成为非洲乍得共和国未来的主要支柱产业[J].北京皮革,2020(Z2):109.

[51] 冉福林.为什么美国皮革工业陷入艰难困境[J].北京皮革,2019(12):108.

[52] 冉福林.现代牧场与欧洲化工联手开发生物皮革[J].皮革与化工,2018,35(2):29.

[53] 孙丹红,彭必雨,石碧,等.鸵鸟皮及成革组织结构的研究[J].中国皮革.2003,032(3):

20-22,29.

[54]孙世国.论PU革基布[J].聚氨酯工业,1997,(4):28-31.

[55]孙世彧,李海银,黄仕明.聚氯乙烯革、聚氨酯革与天然皮革的红外光谱和热性能分析[N].质量与市场,2011.

[56]唐学飞,王军.浅谈牛蛙皮的制革工艺[J].中国皮革.2007,(1):5-7.

[57]汪文忠.浅谈中国皮鞋的演变和发展[J].中外鞋业,2019,(7):88-89.

[58]王浩彬.基于深度学习的甲骨文检测与识别研究[D].广州:华南理工大学,2019.

[59]王立新.二十世纪晚期我国皮革服饰艺术的审美文化构建[D].江南大学,2015.

[60]王小卓,姚庆达,温会涛,等.超细纤维合成材料与皮革性能的差异及鉴别方法[J].北京皮革,2019,(11):46-53.

[61]王雅楠,马建中,徐群娜.3D打印技术及其在皮革打印中的发展趋势探讨[J].中国皮革.2016,45(8):45-50.

[62]王亚.中国制革业清洁化生产推进现状与发展趋势[J].西部皮革.2011,33(22):34-37.

[63]王玉计,陈占光.鳄鱼皮制革工艺的研究[J].中国皮革.2002(11):46-48.

[64]吴芳,万宗瑜.谈皮革在现代首饰设计中的运用[J].皮革科学与工程,2008,(1):67-69.

[65]谢佳伟."革"字研究[J].安康学院学报,2018,30(4):54-57.

[66]徐海军,黄瑞林,李铁军,等.铬的营养生理功能[J].天然产物研究与开发,2010,22(3):531-534.

[67]许永安,吴靖娜.史氏鲟鱼皮制革工艺研究[J].海洋渔业,2011,33(4):455-461.

[68]杨涛,张登斌.鲨鱼皮制革工艺的研究[J].中国皮革.1993,22(5):30-32.

[69]杨雪,徐伟,黄琼涛.沙发天然皮革智能裁剪现状前景与展望[J].家具与室内装饰.2019,(4):120-122.

[70]杨宗邃,程凤侠,靳立强,等.表面活性剂的结构、性能及其对猪皮的脱脂效果[J].精细化工,1995,(2):22-25.

[71]于义.山羊皮家具革开发技术[J].皮革科学与工程,2006,(1):68-71.

[72]余龙根.袋鼠皮革的特征和正面服装革生产[J].中国皮革.1994,023(9):33,32.

[73]张恩娟,陈琳.正确评价铬超标"毒胶囊"中铬的危害[J].中国药房,2012,23(40):3834-3835.

[74]张芮,田建民.我国皮鞋行业的发展研究[J].西部皮革.2019,41(15):32.

[75]张玉红,但年华,姜勤勤,等.黄牛皮组织结构及荧光标记酶脱毛渗透模式的建立[J].中国皮革,2018.47(7):23-24.

[76]张玉良.皮贴画与书法皮字[J].中华手工,2006,(2):92-93.

[77]赵航航,张继林,李琛.制革废弃物资源化利用研究现状[J].西部皮革,2015,37(16):34-37.

[78] 赵帅,李国英.猪皮胶原的研究进展[J].皮革化工,2006,23(2):19.

[79] 郑君.印度水牛皮走俏中国[J].北京皮革,2006,(8):64.

[80] 郑兆祥,吕海宁,范新妹,等.浅析水性聚氨酯与溶剂型聚氨酯合成革加工工艺区别[J].中国皮革,2011,40(09):42-44+50.

[81] 中国塑料加工工业协会人造革合成革专业委员会.中国人造革合成革行业发展现状和展望[J].国外塑料,2008,(2):36-42.

[82] 周诚,陈占光.中国皮革协会对意大利和法国皮革行业进行调研[J].中国皮革,2014,43(22):33+39.

[83] 庄海秋,熊静,邓卫东.鳄鱼皮制革工艺探讨[J].中国皮革,2003,(3):6-9.

[84] 刘露,钟蔚,李强,等.江汉皮影戏中皮影人的制作工艺、美学特征及其传承[J].武汉纺织大学学报,2019,32(03):3-7.

[85] 宋琳暄,吕孜晶.传统皮影艺术的市场化传承与数字化保护研究[J].西部皮革,2022,44(08):20-22.

[86] 蓝凯妮.浅析海宁皮影的材料及制作工艺研究[J].工业设计,2015(09):77-78.

[87] 麻国钧.戏曲与皮影戏、傀儡戏关系论[J].戏剧(中央戏剧学院学报),2022(02):80-119.

[88] 王平,王尧.大陆民俗文化闪亮宝岛新春两岸同庆中国年[J].台声,2019(03):64-67.

[89] 井娜.安塞腰鼓的人类学研究[D].贵州民族大学,2016.

[90] 王学川,强涛涛,刘志鹏.鸵鸟毛漂白增白及染色工艺的研究[J].中国皮革,2007(05):4-8.

[91] 王学川,郑林辉,冯见艳.鸵鸟皮制革的研究[J].西部皮革,2005(02):19-21.

[92] 王学川,冯见艳,章川波,等.鸵鸟腿爪皮制革工艺的研究[J].中国皮革,2005(05):4-6+10.

[93] 高鑫.尼罗鳄包袋革制革技术的研究[D].西安:陕西科技大学,2016.

[94] 高思远,梁泉.腰鼓[M].北京:中国文联出版社,2008.

[95] 矫友田.图说皮影绝艺[M].济南:济南出版社,2017.

[96] 白坚.皮革工业手册-制革分册[M].北京:中国轻工业出版社,2000.